全国测绘地理信息类职业教育规划教材

空间数据库技术

主　编　李　猷
副主编　边志华　王双美　祝　婕
主　审　李荆荆

黄河水利出版社
·郑州·

内容提要

近年来愈来愈多的测绘地理信息类工程项目都要求提交空间数据库成果,空间数据库技术已经逐步代替传统的文件管理方式,成为空间数据管理的主流技术。本书系统全面地介绍了空间数据库的基本概念和建设方法,并以实例的方式介绍了空间数据库建设的流程和操作步骤。主要内容包括六个部分:普通数据库,空间数据组织,空间数据库设计,空间数据库建立,基于 ArcGIS 的建库技术,空间数据库建设实例——土地利用数据库的建立。本书内容选取合理,理论和实践结合紧密,部分内容以项目案例为载体,增加技能学习目标,书中案例大多来源于教学和生产一线,具有较强的实用性和通用性。

本书可作为高职高专测绘地理信息类相关专业的教材使用,也可作为测绘地理信息类工程技术人员的参考书。

图书在版编目(CIP)数据

空间数据库技术/李猷主编. —郑州:黄河水利出版社,
2019.8
全国测绘地理信息类职业教育规划教材
ISBN 978 – 7 – 5509 – 2347 – 8

Ⅰ.①空… Ⅱ.①李… Ⅲ.①空间信息系统 – 职业教育 – 教材 Ⅳ.①P208

中国版本图书馆 CIP 数据核字(2019)第 077794 号

策划编辑:陶金志 电话:0371 – 66025273 E-mail:838739632@ qq. com

出 版 社:黄河水利出版社
地址:河南省郑州市顺河路黄委会综合楼 14 层 邮政编码:450003
发行单位:黄河水利出版社
发行部电话:0371 – 66026940、66020550、66028024、66022620(传真)
E-mail:hhslcbs@ 126. com
承印单位:河南承创印务有限公司
开本:787 mm × 1 092 mm 1/16
印张:8.75
字数:213 千字   印数:1—3 000
版次:2019 年 8 月第 1 版   印次:2019 年 8 月第 1 次印刷
定价:34.00 元

前 言

地理信息系统以数字形式表达现实世界,是对空间数据进行采集、存储、管理、分析和输出的空间信息系统。空间数据库技术既是地理信息系统的重要组成部分,也是地理信息系统的核心技术。近年来愈来愈多的测绘地理信息类工程项目都要求提交空间数据库成果,空间数据库技术已经逐步代替传统的文件管理方式,成为空间数据管理的主流技术。

空间数据库技术是理论性和实践性很强的学科。书中系统全面地介绍了空间数据库的基本概念和建设方法,并以实例的方式介绍了空间数据库建设的流程和操作步骤。本书内容由浅入深,结构清晰,理论和实践结合紧密,书中案例大多来源于教学和生产一线,结合作者的经验总结编写而成,具有较强的实用性和通用性。部分内容以项目案例为载体,增加技能学习目标,是符合高职特点的项目化教材。本书可作为高职高专测绘地理信息类相关专业的教材,也可作为测绘地理信息类工程技术人员的参考书。

全书共分为6个项目26个单元,主要内容包括普通数据库,空间数据组织,空间数据库设计,空间数据库建立,基于 ArcGIS 的建库技术,空间数据库建设实例——土地利用数据库的建立。每个项目都配有项目概述和学习目标,同时也有项目小结、复习与思考题,以便于读者更好地理解和学习。

本书由李猷制定编写大纲和整体结构。编写分工如下:项目一和项目二由河南测绘职业学院边志华编写,项目三由长江工程职业技术学院祝婕编写,项目四和项目五由黄河水利职业技术学院王双美编写,项目六由湖北国土资源职业学院李猷编写。全书由李猷担任主编并统稿,由边志华、王双美、祝婕担任副主编,由湖北省国土资源研究院李荆荆审阅了本书。

在本书编写过程中,得到了湖北省国土资源研究院李荆荆和尹峰的大力支持和帮助,他们提出了许多宝贵意见,并提供了丰富的生产项目资料,以供教材项目编写之用。同时,ESRI(中国)信息技术有限公司武汉分公司技术总监罗雄和大客户经理王敦洲,也给予了大量关于建库平台 ArcGIS 软件的支持和帮助,使得本书的编写工作得以顺利完成。

本书是参与编写的各院校教师和研究院所及企业高工们共同努力的结晶。同时,在编写过程中参阅了大量的书籍和文献资料,在此谨向这些参考书籍和文献资料的作者表示真挚的感谢!

由于编者水平所限,书中难免存在疏漏和不当之处,恳请读者批评指正。

作 者
2019 年 2 月

目　录

前 言

项目一　普通数据库 ··· （1）

单元一　数据库的基本知识 ··· （1）

单元二　数据库系统的组成与结构 ·· （6）

单元三　关系型数据库 ·· （9）

单元四　数据库语言 SQL ··· （14）

项目小结 ··· （23）

复习与思考题 ·· （23）

项目二　空间数据组织 ··· （24）

单元一　空间数据类型 ·· （24）

单元二　矢量数据组织 ·· （27）

单元三　栅格数据组织 ·· （32）

单元四　空间数据库 ··· （37）

项目小结 ··· （46）

复习与思考题 ·· （46）

项目三　空间数据库设计 ·· （47）

单元一　空间数据库设计概述 ··· （47）

单元二　需求分析 ·· （50）

单元三　概念结构设计 ·· （53）

单元四　逻辑结构设计 ·· （61）

单元五　物理结构设计 ·· （65）

项目小结 ··· （67）

复习与思考题 ·· （67）

项目四　空间数据库建立 ·· （68）

单元一　空间数据库建立流程 ··· （68）

单元二　空间数据的获取 ··· （69）

单元三　空间数据的处理 ··· （74）

单元四　空间数据的入库与维护 ··· （78）

项目小结 ··· （80）

复习与思考题 ·· （81）

项目五　基于 ArcGIS 的建库技术 ··· （82）

单元一　ArcGIS 体系介绍 ·· （82）

单元二　Geodatabase 数据模型 ·· （88）

　　单元三　创建 Geodatabase 地理数据库 ……………………………………（91）

　　单元四　ArcSDE 概述 ……………………………………………………（97）

　　单元五　ArcGIS 建立 Geodatabase 数据库案例 ………………………（100）

　　项目小结 …………………………………………………………………（110）

　　复习与思考题 ……………………………………………………………（110）

项目六　空间数据库建设实例——土地利用数据库的建立 …………………（111）

　　单元一　数据库内容和要素分类编码 …………………………………（111）

　　单元二　数据库结构设计 ………………………………………………（114）

　　单元三　数据库建设工作流程 …………………………………………（120）

　　单元四　土地利用数据的入库实操 ……………………………………（125）

　　项目小结 …………………………………………………………………（131）

　　复习与思考题 ……………………………………………………………（131）

参考文献 ………………………………………………………………………（132）

项目一　普通数据库

单元一　数据库的基本知识

一、数据和信息

(一)数据

　　数据是数据库中存储的基本对象,是指某一目标定性、定量描述的原始资料,包括数字、文字、符号、图形、图像,以及它们能转换成的其他形式。数据是用以荷载信息的物理符号,它本身并没有意义。信息是数据处理的结果,表示数据内涵的意义,是数据的内容和解释。例如,用学号、姓名、出生日期、系别这几个特征来描述学生(20180301,李芳,03/01/2000,空间信息工程系)时,这一记录就是一个学生的数据;又如,用 X、Y 这一信息来表示某一点的平面位置(4 768 352.478,22 354 379.126),这一记录就是描述某一个点的通用坐标数据。

(二)信息

　　信息指具有一定含义的数据,或者说我们可以直接理解的内容。一条短信、一条微信、网络上的一篇文章、一封邮件等都是信息。信息的重要特征是经过加工处理后可以变为有价值的数据。

　　数据是信息的载体,是信息的符号化表示。在计算机中,数据是描述各种信息的符号记录。信息时代的数据是一个广义概念,包含数字、字符、音频、视频、动画等。

　　数据和信息之间是相互联系的。数据是反映客观事物属性的记录,是信息的具体表现形式。数据经过加工处理之后,就成为信息;而信息需要经过数字化转变成数据,以便于收集、加工、存储、处理和传递。

二、数据库

(一)数据库的定义

数据库(database,DB)是按照一定数据结构来组织、存储、管理并长期存储在计算机内、有组织的、可共享的数据集合。也可以形象地把数据库理解为按照一定的逻辑结构来组织、存储和管理数据的"仓库"。数据库中的数据是以一定的数据模型组织、描述和存储在一起的,具有较小的冗余度、较高的数据独立性和易扩展性的特点,并可在一定范围内为多个用户所共享,以最优方式为某个特定组织的多种应用服务,其数据结构独立于使用它的应用程序对数据进行增、删、改、查等操作。

人们收集并抽取一个应用所需要的大量数据之后,应将其保存起来以供进一步加工处理,进一步抽取有用信息。在科学技术飞速发展的今天,人们的视野越来越广,数据量急剧增加。过去人们把数据存放在文件柜中,现在人们借助于计算机和数据库技术科学地保存和管理大量的复杂的数据,以便能方便而充分地利用这些宝贵的信息资源。例如,学校的教务部门要把本校学生的基本情况(学号、姓名、性别、出生日期、籍贯、系部等)存放在表(见表1-1)中进行管理,这个表就可以看成一个数据库。有了这个"数据仓库",我们就可以根据需要随时查询某个学生的基本情况,也可以统计男女生数量等。此外,在学籍管理、图书管理等方面也需要建立众多的这种数据库,这样便可以利用计算机实现学生信息的自动化管理。

表 1-1　学生信息表

学号	姓名	性别	出生日期(年-月-日)	籍贯	系部
20180301	李甜甜	女	2000-02-15	河南信阳	空间系
20180302	张军	男	1999-11-12	贵州贵阳	国土系
20180303	孙芳	女	1999-12-26	河北石家庄	测量系
20180304	周天强	男	2000-04-18	山东青岛	遥感系
20180305	王华	男	2000-01-09	河南开封	空间系
20180306	王宪礼	男	2000-10-20	广东佛山	计算机系
20180307	陈松	男	1999-10-30	河南驻马店	测量系
20180308	李玉英	女	2000-03-25	陕西延安	空间系
20180309	刘子墨	男	1999-09-24	山西大同	经管系
20180310	杨瑛翠	女	2000-05-16	河南周口	遥感系

(二)数据库的特点

(1)实现了数据共享。

数据共享既指所有用户可同时存取数据库中的数据,也包括用户可以用各种方式通过接口使用数据库。

（2）减少了数据的冗余度。

与文件系统相比,数据库实现了数据共享,从而避免了用户各自建立应用文件,进而减少了大量重复数据,减少了数据冗余,维护了数据的一致性。

（3）增强了数据的独立性。

数据的独立性包括逻辑独立性(数据库中数据的逻辑结构和应用程序相互独立)和物理独立性(数据物理结构的变化不影响数据的逻辑结构)。

（4）实现了数据集中控制。

在文件管理方式中,不同数据被分散存储在不同的文件中,而这些文件之间毫无关系,因此数据处于一种分散的状态。利用数据库可对数据进行集中控制和管理,并通过数据模型表示各种数据的组织以及数据间的联系。

（5）提供了数据的一致性和可维护性,以确保数据的安全性和可靠性。

主要包括:

①安全控制性:以防止数据丢失、错误更新和越权使用。

②完整性控制:以保证数据的正确性、有效性和相容性。

③并发控制:在同一时间周期内,允许对数据实现多路存取,又能防止用户之间的不正常交互作用。

（6）提供了故障恢复功能。

利用数据库管理系统提供的一套方法,可及时发现和修复故障(物理错误或逻辑错误,如对系统的误操作造成的数据错误等),从而防止数据被破坏。

（三）数据模型

数据模型是现实世界数据特征的抽象,用于描述一组数据的概念和定义。在数据库中,数据的物理结构又称为数据的存储结构,就是数据元素在计算机存储器中的表示及其配置;数据的逻辑结构则是指数据元素之间的逻辑关系,它是数据在用户或程序员面前的表现形式,数据的存储结构不一定与逻辑结构一致。

数据模型所描述的内容有 3 个部分,分别是数据结构、数据操作和数据约束。

1. 数据结构

数据结构用于描述系统的静态特征,包括数据的类型、内容、性质及数据之间的联系等。它是数据模型的基础,也是刻画一个数据模型性质最重要的方面。在数据库系统中,人们通常按照其数据结构的类型来命名数据模型。例如,层次模型和关系模型的数据结构就分别是层次结构和关系结构。

2. 数据操作

数据操作用于描述系统的动态特征,包括数据的插入、修改、删除和查询等。数据模型必须定义这些操作的确切含义、操作符号、操作规则及实现操作的语言。

3. 数据约束

数据的约束条件实际上是一组完整性规则的集合。完整性规则是指给定数据模型中的数据及其联系所具有的制约和存储规则,用以限定符合数据模型的数据库及其状态的变化,以保证数据的正确性、有效性和相容性。例如,限制一个表中学号不能重复,或者年龄的取值不能为负,都属于完整性规则。

（四）数据库的类型

数据库的类型是根据数据模型来划分的,而任何一个数据库管理系统也是根据数据模型有针对性地设计出来的,这就意味着必须把数据库组织成符合数据库管理系统规定的数据模型。目前,成熟地应用在数据库系统中的数据模型有层次模型、网状模型和关系模型。它们之间的根本区别在于数据之间联系的表示方式不同(记录类型之间的联系方式不同)。层次模型以"树结构"表示数据之间的联系,网状模型以"图结构"来表示数据之间的联系,关系模型是用"二维度"(或称为关系)来表示数据之间的联系的。

1. 层次模型

层次模型是数据库系统最早使用的一种模型,它的数据结构是一棵"有向树"。根结点在最上端,层次最高,了结点在下,逐层排列。层次模型的特征是:

（1）有且仅有一个结点,没有父结点,它就是根结点。

（2）其他结点有且仅有一个父结点。

图 1-1 为一个某学院教务管理层次数据模型,其中,图 1-1(a)所示为实体之间的联系,图 1-1(b)所示为实体型之间的联系。

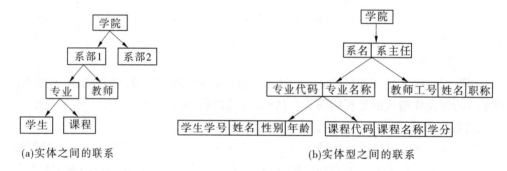

(a)实体之间的联系　　　　　　　　　　(b)实体型之间的联系

图 1-1　某学院教务管理层次数据模型

2. 网状模型

网状模型以网状结构来表示实体与实体之间的联系。网中的每个结点代表一个记录类型,联系用链接指针来实现。网状模型可以表示多个从属关系的联系,也可以表示数据间的交叉关系,即数据间的横向关系与纵向关系,它是层次模型的扩展。网状模型可以方便地表示各种类型的联系,但结构复杂,实现的算法难以规范化。其特征是:

（1）允许结点有多于一个父结点。

（2）可以有一个以上的结点,没有父结点。

图 1-2 为某系部教务管理网状数据模型。

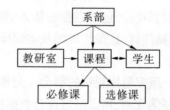

图 1-2　某系部教务管理网状数据模型

3. 关系模型

关系模型以二维表结构来表示实体与实体之间的联系,它是以关系数学理论为基础的。关系模型的数据结构是一个"二维表框架"组成的集合。每个二维表被称为一个关系。在关系模型中,操作的对象和结果都是二维表。

关系模型是目前最流行的数据库模型。支持关系模型的数据库管理系统称为关系数据库管理系统。图 1-3 为一个简单的关系模型,其中,图 1-3(a)所示为关系模式,图 1-3(b)所示为这两个关系模式的关系,关系名称分别为教师关系和课程关系,每个关系均含 3 个元组(记录),其主码均为"教师工号"。

教师关系框架

教师工号	姓名	性别	所在系部

教师关系

教师工号	姓名	性别	所在系部
009060	李玉树	男	计算机系
170010	杨柳	男	空信系
128652	孙雪华	女	经管系

课程关系框架

课程代码	课程名称	教师工号	上课教室

课程关系

课程代码	课程名称	教师工号	上课教室
A-02	VB语言	009060	1-304
C-03	空间数据库技术	170010	2-401
B-01	经济学原理	128652	2-208

(a)关系模式　　　　　　　　　　　　　(b)两个关系模式的关系

图 1-3　关系模型

关系模型的主要特点包括:

(1)描述的一致性,不仅用关系描述实体本身,也用关系描述实体之间的联系。

(2)可直接表示多对多的联系。

(3)关系必须是规范化的关系,即每个属性是不可分的数据项,不许表中有表。

(4)关系模型是建立在数学概念基础上的,有较强的理论依据。

在关系模型中,基本数据结构就是二维表,不用像层次模型或网状模型那样的链接指针。记录之间的联系是通过不同关系中同名属性来体现的。例如,要查找"杨柳"老师所上的课程,可以先在教师关系中根据姓名找到教师工号"170010",然后在课程关系中找到"170010"任课教师编号对应的课程名称即可。通过上述查询过程,同名属性教师编号起到了连接两个关系的纽带作用。由此可见,关系模型中的各个关系模式不应当是孤立的,也不是随意拼凑的一堆二维表,它必须满足相应的要求。

(1)关系是一个二维表,即元组的集合。关系框架是一个关系的属性名表。

(2)关系之间通过公共属性实现联系。例如,图 1-3 为两个关系,通过"教师工号"公共属性实现两个关系之间的联系。

(3)关系数据库是指对应于一个关系模型的所有关系的集合。例如,在一个教务管理关系数据库中,包含教师关系、课程关系、学生关系、任课关系、成绩关系等。

另外,关系数据库中的二维表称为数据表或数据库表。每一个数据表具有相对的独立性,并具有独立的表文件名。每个二维表都由结构和记录构成,表的结构由若干数据项组

成,每个数据项称为一个字段,字段不可再分,是最基本的数据单位;每个字段具有相同的属性,可根据需要设定字段个数;每一行称为一条记录,由事物的若干个属性构成。同时,在一个二维表中,不允许有相同的字段名,也不允许有相同的记录。

关系数据模型是应用最广泛的一种数据模型,它具有以下优点:

(1)能够以简单、灵活的方式表达现实世界中各种实体及其相互间的关系,使用与维护也很方便。关系模型通过规范化的关系为用户提供一种简单的用户逻辑结构。所谓规范化,实质上就是使概念单一化,一个关系只描述一个概念,如果多于一个概念,就要将其分开来。

(2)关系模型具有严密的数学基础和操作代数基础,如关系代数、关系演算等,可将关系分开,或将两个关系合并,使数据的操作具有高度的灵活性。

(3)在关系数据模型中,数据间的关系具有对称性,因此关系之间的寻找在正反两个方向上难度是一样的,而在其他模型如层次模型中从根节点出发寻找叶子的过程容易解决,相反的过程则很困难。

目前,绝大多数数据库系统采用关系模型。但它的应用也存在如下问题:

(1)实现效率不够高。由于概念模式和存储模式的相互独立性,按照给定的关系模式重新构造数据的操作相当费时。另外,实现关系之间联系需要执行系统开销较大的链接操作。

(2)描述对象语义的能力较弱。现实世界中包含的数据种类和数量繁多,许多对象本身具有复杂的结构和含义,为了用规范化的关系描述这些对象,则须对对象进行不自然的分解,从而在存储模式、查询途径及其操作等方面均显得语义不甚合理。

(3)不直接支持层次结构,因此不直接支持对于概括、分类和聚合的模拟,即不适合于管理复杂对象,它不允许嵌套元组和嵌套关系存在。

(4)模型的可扩充性较差。新关系模式的定义与原有的关系模式相互独立,并未借助于已有的模式支持系统的扩充。关系模型只支持元组的集合这一种数据结构,并要求元组的属性值为不可再分的简单数据(如整数、实数和字符串等),它不支持抽象数据类型,因而不具备管理多种类型数据对象的能力。

(5)模拟和操纵复杂对象的能力较弱。关系模型表示复杂关系时比其他数据模型困难,因为它无法用递归和嵌套的方式来描述复杂关系的层次和网状结构,只能借助于关系的规范化分解来实现。过多的不自然分解必然导致模拟和操纵的困难和复杂化。

■ 单元二　数据库系统的组成与结构

一、数据库系统的组成

数据库系统(database system,简称DBS)是指以计算机系统为基础,以数据库方式管理大量共享数据的综合系统,数据库有很多种类型,从最简单的存储各种数据的表格到能够进行海量数据存储的大型数据库系统,在各个方面得到了广泛的应用。通常由硬件系统、软件系统、数据库、数据库管理员和用户五个部分构成。

(一)硬件系统

硬件系统是数据库赖以存在的物理设备,必须有足够大的内存、大容量的硬盘和光盘、直接存取设备、多 CPU 处理器、较高的数据传输设备等。构成计算机系统的各种物理设备，包括存储所需的外部设备。硬件的配置应满足整个数据库系统的需要。

（二）软件系统

软件系统主要是操作系统、各种宿主语言、实用程序以及数据库管理系统。其中，数据库管理系统（database management system，DBMS）是数据库系统的核心软件，是在操作系统的支持下工作，解决如何科学地组织和存储数据、如何高效获取和维护数据的系统软件。其主要功能包括数据定义功能、数据操纵功能、数据库的运行管理和数据库的建立与维护。用户或程序人员通过 DBMS 可以实现数据库的创建、操作使用和维护。

（三）数据库

数据库是有组织的存储在计算机内的数据集合，是数据库管理系统的管理对象。数据库中的数据按一定的数学模型进行组织和存储，其数据结构独立于使用数据的程序，面向多种应用，可以被多个用户共享。数据的增、删、改、查等操作均要通过数据库管理系统进行，用户对数据库进行的各种操作都是通过数据库管理系统实现的。

（四）数据库管理员

数据库管理员（database administrater，DBA）负责数据库的总体信息控制。DBA 的具体职责包括：具体数据库中的信息内容和结构，决定数据库的存储结构和存取策略，定义数据库的安全性要求和完整性约束条件，监控数据库的使用和运行，负责数据库的性能改进、数据库的重组和重构，以提高系统的性能。数据库管理员一般是由业务水平较高、资历较深的人员担任。

（五）用户

数据库系统的用户主要有两种：一种是对数据库进行查询和使用的最终用户；另一种是负责应用程序模块设计和数据库操作的开发设计人员。

数据库系统是为适应数据处理的需要而发展起来的一种较为理想的数据处理的核心机构。计算机的高速处理能力和大容量存储器提供了实现数据管理自动化的条件。

数据库系统的出现是计算机应用的一个里程碑，它使得计算机应用从以科学计算为主转向以数据处理为主，从而使计算机得以在各行各业乃至家庭中普遍使用。在它之前的文件系统虽然也能处理持久数据，但是文件系统不提供对任意部分数据的快速访问，而这对大数据时代的各种应用来说是至关重要的。为了实现对任意部分数据的快速访问，就要研究许多优化技术。这些优化技术往往很复杂，是普通用户难以实现的，所以就由系统软件（数据库管理系统）来完成，而提供给用户的是简单易用的数据库语言。由于对数据库的操作都由数据库管理系统完成，所以数据库就可以独立于具体的应用程序而存在，从而数据库又可以为多个用户所共享。因此，数据的独立性和共享性是数据库系统的重要特征。数据共享节省了大量人力、物力，为数据库系统的广泛应用奠定了基础。数据库系统的出现使得普通用户能够方便地将日常数据存入计算机，并在需要的时候快速访问它们，从而使计算机走出科研机构进入各行各业、进入家庭。

二、对数据库系统的基本要求

（1）能够保证数据的独立性。数据和程序相互独立有利于加快软件开发速度，节省开发费用。

（2）冗余数据少，数据共享程度高。

（3）系统的用户接口简单，用户容易掌握，使用方便。

（4）能够确保系统运行可靠，出现故障时能迅速排除；能够保护数据不受非授权者访问或破坏；能够防止错误数据的产生，一旦产生也能及时发现。

（5）有重新组织数据的能力，能改变数据的存储结构或数据存储位置，以适应用户操作特性的变化，改善由于频繁插入、删除操作造成的数据组织零乱和时空性能变坏的状况。

（6）具有可修改性和可扩充性。

（7）能够充分描述数据间的内在联系。

三、数据库系统结构

数据库系统具有严谨的体系结构，美国国家标准学会（ANSI）的数据库管理系统研究小组为了提高数据库数据的逻辑独立性和物理独立性，于 1975 年、1978 年提出标准化的建议，该建议提出了数据库三级组织结构的概念：外模式（external scheme）、概念模式（conceptual scheme）和内模式（internal scheme）。

（一）外模式

外模式是概念模式的子集，对应用户级数据库，是用户看到和允许使用的那部分数据逻辑结构，因此也称为用户视图（view）、子模式和局部逻辑结构。用户根据 DBMS 提供的子模式，用查询语言或应用程序去操纵数据库中的数据。

一个数据库可以有多个外模式。由于不同的用户在应用需求、看待数据的方式、对数据保密的要求等方面存在差异，其外模式描述也有所差别。即使对模式中的同一数据，在外模式中的结构、类型、长度、保密级别等方面都可以不同。另外，同一外模式也可以为某一用户的多个应用系统所使用，但一个应用程序只能使用一个外模式。

外模式是保证数据库安全性的一种有力措施，每个用户只能看见和访问所对应的外模式中的数据，数据库中的其余数据不可见。

（二）概念模式

概念模式简称"模式"，又称为数据库模式、逻辑模式，对应概念级数据库，是对数据库的整体逻辑描述，因此也称为全局逻辑模式。通常也称为数据库管理员视图，因为这是数据库管理员所看到的数据库。它是所有用户视图的一个最小并集，它把用户视图有机地结合成一个逻辑整体。

模式实际上是数据库数据在概念级上的视图。一个数据库只有一个概念模式，数据库概念模式以某一种数据模型为基础，统一综合地考虑所有用户的需求，并将这些需求有机地结合成一个逻辑整体。定义模式时不仅要数据的逻辑结构，例如数据记录由哪些数据项构成，数据项的名字、类型、取值范围等，而且要定义数据之间的联系，定义与数据有关的安全性、完整性要求。

（三）内模式

内模式对应物理级数据库，又称存储模式，是数据库的物理存储结构和存储方式的描述，是数据在数据库内部的表示方式。一个数据库只有一个内模式，它包含数据库的全部存储数据，数据存储在内存、外存介质上，这些数据是用一定的文件组织方法组织起来的一个个物理文件。它是系统管理员看到的数据库，因此也称为系统管理员视图。

对一个数据库系统来说,实际上存在的知识物理级数据库,它是数据访问的基础。而概念级数据库是物理级数据库的一种抽象描述,用户级数据库是用户与数据库的接口。

用户根据子模式进行操作,通过子模式到模式的映射与概念级联系起来,又通过模式到存储模式的映射与物理级联系起来。一个数据库管理系统的中心工作就是完成三级数据库之间的转换,把用户对数据库的操作转化到物理级去执行。概念模式向物理模式映射的过程,是数据库管理系统在操作系统的支持下完成的。

单元三　关系型数据库

关系型数据库(relational database)是指采用了关系模型来组织数据,建立在关系模型基础上的数据库。关系模型是二维表格模型,关系型数据库就是由二维表及其之间的联系组成的一个数据组织。

关系型数据库是高级数据库模型,在企业级系统数据库中使用非常广泛,容易理解,使用方便,易于维护。关系型数据库是数据库开发的基础,是采用关系模型来组织数据的数据库。关系模型是在 1970 年由美国 IBM 公司 San Jose 研究室的研究员 E. F. Codd 博士首先提出的,开创了数据库关系方法和关系数据理论的研究,为数据库技术奠定了理论基础。

一、基本概念

(一)关系
关系是建立在数学集合代数概念基础上的。一个关系就是一张二维表,每个关系都有一个关系名,即数据表名。

(二)元组
表格中的每一行在关系中称为一个元组(对应数据库中的记录),即表格中栏目名下的行。如表 1-1 中姓名为"李甜甜"所在行的所有数据就是一个元组。

(三)属性
表格中的每一列在关系中称为一个属性,每个属性都要有一个属性名(对应数据库中的字段名),它对应表格中的栏目名。如"学号""姓名"等都是属性。

(四)域
属性的取值范围称为域。如年龄的域为自然数(根据实际情况一般设置不超过 150 即可),性别的域为(男,女)。

(五)字段值
记录中的一个字段的取值称为字段值或分量。记录值随着每一行记录的不同而变化。

(六)关键字
关键字表示表中的一个属性(组),它的值可以唯一地标识一个元组,如学生实体中的学生学号。一个关键字必须包含使得它能够在整个关系中是唯一的所必需的最小属性数。若一个关系有多个关键字,则选定其中一个作为主关键字。如果一个关键字只能用一个单一的属性,则称为单一关键字;如果用两个或多个属性,则称为组合关键字。例如,在表 1-1 中,由于"学号"是唯一的,可以把它作为单一关键字,而"姓名""出生日期"由于存在重名情况,不可作为单关键字,则可把"姓名"和"出生日期"合起来作为组合关键字。包含在主关键字中的各属性称为主属性,不包含在主关键字中的属性称为非主属性。

二、关系模式

对关系的描述称为关系模式。它包括关系名、组成该关系的各属性名、属性向域的映像、属性之间数据的依赖关系等。属性向域的映像常常直接说明为属性的类型、长度。某一时刻相应某个关系模式的内容称为相应模式的状态,它是元组的集合,称为关系。一个关系的关系名及其全部属性名的集合简称为关系模式,也就是对关系的描述,一般表示为

关系名(属性名 1,属性名 2,…,属性名 n)

例如:学生(学生学号,姓名,年龄,性别,所在系)。

关系模式是稳定的,而关系是随时间不断变化的,因为关系模式中的数据在不断更新。但是,现实世界的许多已有事实限定了关系模式所有可能的关系必须满足一定的完整约束条件。这些约束或者通过对属性取值范围的限定,例如团员年龄小于28周岁(28周岁之后必须退团),或者通过属性值间的相互关联(主要体现于值的相等与否)反映出来。关系模式应当刻画出这些完整性约束条件。

关系是关系模式在某一时刻的状态或内容。关系模式是静态的、稳定的,而关系是动态的,随时间不断变化的,因为关系操作在不断地更新着数据库中的数据。但在实际当中,人们常常把关系模式和关系都称为关系。

三、关系运算

关系的基本运算有两类:一类是传统的集合运算,包括并、差、交;另一类是专门的关系运算,包括选择、投影和连接。

(一)传统的集合运算

进行并、差、交集合运算的两个关系必须具有相同的关系模式,即结构相同。

1. 并运算

两个相同结构关系的并是由属于这两个关系的元组(记录)组成的集合。关系 A 与关系 B 的并,是由属于 A 或属于 B 的所有元组组成的集合。记作:

$$A \cup B = \{t/t \in A \vee t \in B\}$$

例如:假定有两个关系 A 和 B 是关系学生的实例,如表1-2、表1-3 所示。

表1-2　学生信息表

学号	姓名	性别	出生日期(年-月-日)	班级
2018030102	李冉冉	女	2000-02-25	地理信息 1801
2018020116	孙巧华	女	1999-12-10	摄影测量 1802
2018040235	张岳东	男	2000-03-06	工程测量 1801

表1-3　学生信息表

学号	姓名	性别	出生日期(年-月-日)	班级
2018030102	李冉冉	女	2000-02-25	地理信息 1801
2018020118	李佳琪	男	1999-10-10	摄影测量 1802
2018040225	赵林月	男	2000-01-20	工程测量 1801

两表的并集 $A \cup B$ 如表1-4所示。

表1-4　$A \cup B$ 学生信息表

学号	姓名	性别	出生日期(年-月-日)	班级
2018030102	李冉冉	女	2000-02-25	地理信息 1801
2018020116	孙巧华	女	1999-12-10	摄影测量 1802
2018020118	李佳琪	男	1999-10-10	摄影测量 1802
2018040225	赵林月	男	2000-01-20	工程测量 1801
2018040235	张岳东	男	2000-03-06	工程测量 1801

2. 差运算

关系 A 和关系 B 的差,是由属于 A 而不属于 B 的元组组成的集合,即从 A 中去掉 B 中也有的元组。记作:

$$A - B = \{t/t \in A \wedge t \notin B\}$$

表1-2、表1-3的差运算 $A - B$ 结果如表1-5所示。

表1-5　$A - B$ 学生信息表

学号	姓名	性别	出生日期(年-月-日)	班级
2018020116	孙巧华	女	1999-12-10	摄影测量 1802
2018040235	张岳东	男	2000-03-06	工程测量 1801

3. 交运算

关系 A 和关系 B 的交,是由既属于 A 又属于 B 的元组组成的集合。记作

$$A \cap B = \{t/t \in A \wedge t \in B\}$$

表1-2、表1-3的交运算 $A \cap B$ 结果如表1-6所示。

表1-6　$A \cap B$ 学生信息表

学号	姓名	性别	出生日期(年-月-日)	班级
2018030102	李冉冉	女	2000-02-25	地理信息 1801

(二)专门的关系运算

1. 选择

选择运算(selection)是指从关系中找出满足制定条件的元组的操作。其中的条件是以逻辑表达式给出的,使得逻辑表达式的值为真的元组将被选取。选择是从行的角度进行的

运算,即选择水平方向的记录。选择的操作对象是一个表。经过选择运算得到的结果元组可以形成新的关系,其关系模式不变,但其中元组的数目小于或等于原来的关系中元组的个数,它是原关系的一个子集。

设关系 R 为 n 元关系,则 R 关系的选择操作记作:

$$\sigma_F(R) = \{t/t \in R \wedge F(t) = '真'\}$$

若设表1-4 为 S,在 S 中找出满足条件性别 = "女"的元组集,则用关系代数表示为

$$\sigma_{性别} = '女'(S)$$

则选择后的结果如表1-7 所示。

表1-7 选择运算结果

学号	姓名	性别	出生日期(年-月-日)	班级
2018030102	李冉冉	女	2000-02-25	地理信息 1801
2018020116	孙巧华	女	1999-12-10	摄影测量 1802

2. 投影

投影运算(projection)是指从一个关系模式中选择若干个属性组成新的关系的操作。投影是从列的角度进行运算,相当于对关系进行垂直分解。经过投影运算可以得到一个新关系,其关系模式所包含的属性个数在大多数情况下比原关系少,或者属性的排列顺序不同。因此,投影预算提供了垂直调整关系的手段。投影的操作对象是一个表。如果新关系中包含重复元组,则要删除重复元组。

设关系 R 为 n 元关系,则 R 关系的投影操作记作:

$$\Pi_A(R) = \{t[A]/t \in R\}$$

其中,A 为 R 的属性列。

以表1-4 为例,如果要列出所有学生的学号、姓名和性别,关系代数表示为

$$\Pi_{学号,姓名,性别}(学生)$$

结果如表1-8 所示。

表1-8 投影运算结果

学号	姓名	性别
2018030102	李冉冉	女
2018020116	孙巧华	女
2018020118	李佳琪	男
2018040225	赵林月	男
2018040235	张岳东	男

3. 连接

连接(join)是从两个关系模式中选择符合条件的元组或属性组成一个新的关系。连接结果是满足指定条件的所有记录。连接的操作对象是两个表。运算是将两个关系模式的若干属性拼接成一个新的关系模式的操作,对应的新关系中包含满足连接条件的所有元组。

在连接运算中,以字段值对应相等为条件进行的连接操作称为等值连接。自然连接是

去掉重复属性的等值连接。注意：只有两个关系的元组在所有公共属性上取值都相同，才可以将它们的组合放入两个关系的自然连接中。

例如两个关系 R 和 S 有两个共同属性 B 和 C，如表 1-9、表 1-10 所示。

表 1-9　关系 R

A	B	C
e	a	b
e	b	c

表 1-10　关系 S

B	C	D
a	b	d
a	c	f
g	c	h

那么，R 与 S 的自然连接运算结果如表 1-11 所示。

表 1-11　自然连接运算结果

A	B	C	D
e	a	c	f

四、关系完整性

关系模型的完整性是指实体完整性、参照完整性和用户定义的完整性。

实体完整性和参照完整性是关系模型必须满足的完整性约束条件，被称作关系的两个不变性，应该由关系系统自动支持。

（一）实体完整性

在关系数据库中一个关系对应现实世界的一个实体集，关系中的每一个元组对应一个实体。在关系中用主关键字来唯一标识一个实体，实体具有独立性，关系中的这种约束条件称为实体完整性。

如果某个属性是由一个基本关系的主关键字组成（主属性），则该属性不能取空值。

关系数据库中有各种关系，如基本关系（常称为基本表）、查询表、视图表等。基本表是实际存在的表，它是实际存储数据的逻辑表示。查询表是查询的结果所对应的表。视图表是由基本表或视图导出的表，是虚表，不对应实际存储的数据。实体完整性是针对基本关系的。

空值是"不知道"或者"无意义"的值。

对于实体完整性说明如下：

（1）一个基本关系通常对应现实世界的一个实体集，例如学生关系对应学生的集合。

（2）现实世界中实体是可区分的，即它们具有唯一性标识。

（3）关系模式中由主码作为唯一性标识。

（4）主码不能取空值。因为主码去控制说明存在某个不可标识的实体，而这和第（2）条矛盾，即不存在这样的实体。

（二）参照完整性

用于约定两个关系之间的联系，理论上规定，若 M 是关系 S 中的一属性组，且 M 是另一关系 Z 的主关键字，则称 M 为关系 S 对应关系 Z 的外关键字。若 M 是关系 S 的外关键字，则 S 中每一个元组在 M 上的值必须是空值或是对应关系 Z 中某个元组的主关键字值。例如，学生关系 S 和学校专业关系 Z 之间满足参照完整性约束。学校专业关系 Z 中的专业号属性是主关键字，同时它也存在学生关系 S 中，那么只有专业号存在，这个专业的学生才有可能存在，因此在添加学生关系中的元组时，定义的专业号必须在学校专业关系 Z 中已存在对应的元组。

参照完整性是定义建立关系之间联系的主关键字与外部关键字引用的约束条件。

关系数据库中通常都包含多个存在相互联系的关系，关系与关系之间的联系是通过公共属性来实现的。所谓公共属性，它是一个关系 R（称为被参照关系或目标关系）的主关键字，同时又是另一关系 K（称为参照关系）的外部关键字。如果参照关系 K 中外部关键字的取值，与被参照关系 R 中某元组主关键字的值相同，或取空值，则在这两个关系间建立关联的主关键字和外部关键字引用，符合参照完整性规则要求。如果参照关系 K 的外部关键字也是其主关键字，根据实体完整性要求，主关键字不得取空值，因此参照关系 K 外部关键字的取值实际上只能取相应被参照关系 R 中已经存在的主关键字值。

在学生管理数据库中，如果将选课表作为参照关系，学生表作为被参照关系，以"学号"作为两个关系进行关联的属性，则"学号"是学生关系的主关键字，是选课关系的外部关键字。选课关系通过外部关键字"学号"参照学生关系。

（三）用户定义的完整性

约束是用户定义某个具体数据库所涉及的数据必须满足的约束条件，是由具体应用环境来决定的。例如，约定学生成绩的数据必须小于或等于100。

实体完整性和参照完整性用于任何关系数据库系统。用户定义的完整性则是针对某一具体数据库的约束条件，由应用环境决定，它反映某一具体应用所涉及的数据必须满足的语义要求。关系模型系统应提供定义和检验这类完整性的机制，以便用统一的、系统的方法处理它们而不需要由应用程序承担这一功能。例如，某个属性必须取唯一值，某些属性值之间应满足一定的函数关系，某个属性的取值范围在 0 ~ 100 等。

单元四　数据库语言 SQL

SQL(structured query language）就是结构化查询语言，是国际化标准组织通过的关系数据库的标准语言。它是一种对数据库进行操作的语言，也是程序设计语言，用于存取数据、查询数据、更新数据和管理关系数据库系统。SQL 是关系型数据库系统的标准语言。所有关系型数据库管理系统均可使用 SQL。如 Oracle、Sybase、Informix、SQL Server、Microsoft Access、MySQL 等数据库系统。

一、SQL 的基本概念

SQL 支持关系数据库三级模式结构。其中,外模式对应于视图和部分基本表,模式对应于基本表,内模式对应于存储文件。但术语与传统关系模型术语不同,在 SQL 中,关系模式称为"基本表",存储模式称为"存储文件",子模式称为"视图",元组称为"行",属性称为"列"。

(1)一个 SQL 数据库是表的汇集。

(2)一个 SQL 表由行集构成,行是列的序列,每列对应一个数据项。

(3)表可以是基本表,也可以是视图。基本表是实际存储在数据库中的表。视图是从一个或几个基本表导出的表,它本身不独立存储在数据库中,即数据库中只存放视图的定义而不存放视图对应的数据,这些数据仍存放在导出视图的基本表中,因此视图是一个虚表。视图在概念上与基本表等同,用户可以在视图上再定义视图。

(4)一个基本表可以跨一个或多个存储文件,一个存储文件也可存放一个或多个基本表。另外,一个表可以带若干索引,索引也存放在存储文件中,存储文件与物理文件对应。

(5)用户可以用 SQL 对表进行操作,包括视图和基本表。基本表和视图一样,都是关系。

(6)SQL 的用户可以是应用程序,也可以是终端用户。

二、SQL 的构成与特点

SQL 依据其执行的功能不同,主要包括以下四个部分:

(1)数据查询语言,用于对数据的检索查询。Select 语句是数据查询的唯一语句,完成了各种条件约束的数据检索。

(2)数据定义语言,用于创建、修改、删除数据库中的各种对象(如表、视图、存储过程等)。主要包括 Create、Alter、Drop 语句。

(3)数据操纵语言,用于添加、更新、删除数据。主要包括 Insert、Update、Delete 语句。

(4)数据控制语言,用于控制用户的对象访问权限和数据库访问方式。主要包括 Grant、Deny、Revoke 语句。

除此之外,SQL 还包括一些附加语言要素,如事务控制语言(Commit 语句等)、程序化语言(主要包括 Declare 等实现存储过程的语句)等。

SQL 语句均有特定的语法格式,总体上讲,每条 SQL 语句都是从一个关键谓词(如 Select、Insert、Drop 等)开始,关键谓词表示该语句将要执行的操作,整个 SQL 语句由一个或多个子句构成,每个子句均由一个关键词开始(如 From、Where 等)。

SQL 之所以能够为广大用户和计算机工业界所接受,并成为国际标准,是因为它是一个综合的、功能极强同时又简捷易学的语言。SQL 集数据查询、操纵、定义和控制功能于一体,主要特点包括以下几点:

(1)综合统一。SQL 语言集数据定义语言、数据操纵语言和数据控制语言的功能于一体,语言风格统一,可以独立完成数据库生命周期中的全部活动,如定义关系模式,录入数据,建立数据库,查询、更新、维护、重构数据库,数据库安全性控制等一系列操作,为数据库应用系统提供了良好的环境。用户在数据库系统投入运行后,还可以根据需要随时地、逐步地修改模式,且不影响数据库的运行,从而使系统具有良好的可扩展性。

（2）高度非过程化。非关系数据模型的数据操纵语言是"面向过程"的,即是"过程化"的语言,用户不但要知道"做什么",还应该知道"怎样做"。对于 SQL,用户只需要提出"做什么",无须具体指明"怎么做","怎么做"由 SQL 完成,用户不需要了解存取路径,存取路径的选择和 SQL 语句的操作过程由系统自动完成。这种高度非过程化的特性大大减轻了用户的负担,使得用户更能集中精力考虑要"做什么"和所要得到的结果,并且存取路径对用户来说是透明的,有利于提高数据的独立性。

（3）面向集合的操作方式。在非关系数据模型中,采用的是面向记录的操作方式,即操作对象是一条记录。操作过程非常冗长复杂。而 SQL 采用的是面向集合的操作方式,且操作对象和操作结果都是元组的集合。面向集合的操作方式是指查找结果可以是元组的集合,插入、删除和更新操作的对象也可以是元组的集合。非关系型数据库的任何一个操作的对象都是一条记录,与关系型数据库的操作不同。例如,要在成绩表中查找分数在 90 分以上学生的姓名,用户用循环结构按照某条路径一条一条地把满足条件的学生记录读出来。

（4）统一的语法结构提供两种使用方式。以同一种语法结构提供多种使用方式是指 SQL 既是自含式语言,又是嵌入式语言。自含式语言:能够独立地用于联机交互的使用方式,用户可以在终端键盘上直接输入 SQL 命令对数据库进行操作。嵌入式语言:SQL 语句能够嵌入到高级程序设计语言(如 C、VB、C＋＋、C#等)中,供程序员设计程序时使用。这种以同一种语法结构提供的两种不同的使用方法,为用户提供了极大的灵活性和方便性。

（5）语言简洁,易学易用。SQL 是一种程序设计语言,是高级的非过程化编程语言,是用于沟通数据库服务器和客户端的工具,用户可在高层数据库上工作。SQL 也是一种关系数据库语言,作为数据输入和管理的接口,用户不需要指定数据的存放方式,可以直接使用,SQL 适合不同底层结构的不同数据库系统使用。

三、SQL 的组成和功能

SQL 的组成有数据定义语言、数据操纵语言和数据控制语言等。

（一）数据定义语言

SQL 的数据定义语言(Date Definition Language,DDL) 主要包含三条命令:

（1）Create,用于在数据库中创建一个新的表、视图,或其他对象。创建表的语法:

Create Table　表名称(列名称1 数据类型,列名称2 数据类型,列名称3 数据类型……)

（2）Alter,用于修改现有数据库中的对象。在表中添加列的语法:

Alter Table　表名称　Add　列名称 数据类型

删除表中列的语法:

Alter Table　表名称　Drop Column　列名称

（3）Drop,用于删除整个表、视图,或其他数据库对象。删除表的语法:

Drop Table　表名称

1. 定义数据库

基本命令格式为

Create Database ＜数据库名＞

例如,建立学生信息数据库的命令为

Create Database Student

当一个数据库及其所属的基本表、视图等都不需要时,可以用 Drop 语句删除这个数据库,其基本命令格式为

Drop Database ＜数据库名＞

2.定义表

建好数据库之后,接下来要确定在数据库中创建哪些表。创建表的第一步就是定义表的结构,基本命令格式为

Create Table ＜表名＞（A1 ＜数据类型＞,A2 ＜数据类型＞,A3 ＜数据类型＞,…,An ＜数据类型＞;）

其中,Create Table 是关键字,表示我们将要定义一个新的关系模式;括号里的 A1,A2,A3,…,An 是关系的属性名,每个属性名后面的数据类型就代表该属性对应的数据类型。

例:创建一个学生表如下:

Create Table Student

（StudentNo int,

StudentName char(8),

Age int,

Class varchar(20)）;

系统执行了这条建表语句之后,就会在数据库中新建一个表。这只是一种最简单的描述,在实际应用中,我们通常要对某些属性做一定的约束,例如规定其不能为空、单值约束或者设定默认值等。这些约束写在相应属性数据类型的后面就可以了。Not Null 表示某个属性的分量值不能为空。Unique 表示对某个属性进行单值约束;Default 用来指定某个属性的分量的默认值。

例:规定学号 StudentNo 不能为空,且对其进行单值约束;对于年龄 Age,默认值为18;则建表语句变为

Create Table Student

（StudentNo int Not null unique,

StudentName char(8),

Age int default 18,

Class varchar(20)）;

执行完这条建表语句后,数据库中有了一个新表 Student,此表暂时为空。

3.修改表结构

表建成后,可以根据实际需要对表的结构进行修改,包括增加新的列或增加新的完整性约束条件、删除原有不再需要的列或删除旧的完整性约束条件。其基本命令格式为

Alter Table ＜表名＞

［Alter Column ＜列名＞ ＜新数据类型＞］　　　　—修改列属性

［Add ＜列名＞ ＜数据类型＞［完整性约束］］　　　—添加列

［Drop Column ＜列名＞］　　　　　　　　　　　—删除列

［Drop 完整性约束名］　　　　　　　　　　　　　—删除约束

1）修改列属性

将授课表中的开课时间的数据类型修改为 Smalldatetime。

    Alter Table 授课表

    Alter Column 开课时间 Smalldatetime

2）添加列

在授课表中添加一个字段:开课地点,varchar(30)null

    Alter Table 授课表

    Add 开课地点 varchar(30)null

注意:添加的字段要设置为空值,如果不是空值,则添加的列具有指定的 default 定义,或者要添加的列是标识列或时间戳列。

3）删除列

将课程表添加的字段"开课地点"删除。

    Alter Table 授课表

    Drop Column 开课地点

注意:当删除的列上有约束时,则需要删除约束后,再删除列。

4）添加约束

添加约束格式如下:

    Alter Table ＜表名＞

    Add 约束

例如:将教师表中的"职称"默认为"讲师",默认名为 de_2。

    Alter Table 教师表

    Add Constraint de_2 default'讲师'for 职称

将课程表中的"学分"默认为:4。

    Alter Table 课程表

    Add default 4 for 学分

5）删除约束

将添加的默认约束 de_2 删除。

    Alter Table 教师表

    Drop Constraint de_2

4.删除表

当某个表不再需要时,需要将其删除,以释放其所占的空间资源,删除表格式如下:

    Drop Table ＜表名＞ [Restrict/Cascade]

此处 Restrict 和 Cascade 选项的使用与前面句法中的语义相同。需要注意的是,一旦对一个表执行了此删除操作后,该表中所有的数据也就丢失了,所以对于删除表的操作,用户一定要慎用。

例如:将"授课表"删除。

    Drop Table 授课表

(二)数据操纵语言

数据操纵语言(Date Manipulation Language,简称 DML),主要包括三条命令:

（1）Insert，用于创建或插入一条记录，格式如下：

Insert　into　表名称（列名称）values（值）

例如：向学生表中添加一条记录。

Insert into Student values（20180301，′彭松林′，′男′，′2000-03-16′）

（2）Update，用于修改记录，格式如下：

Update 表名称 set 列名称 = 新值 where 列名称 = 某值

如：更改姓名为彭松林的学生的出生日期为 2000-03-26。

Update Student set Birthday = ′2000-03-26′ where Name = ′彭松林′

（3）Delete，用于删除记录，格式如下：

Delete from 表名称 where 列名称 = 值

如：删除学生表中的记录。

Delete from Student

（三）数据控制语言

数据控制语言（Date Control Language，DCL），主要包含两条命令：

（1）Grant，给用户分配权限，格式如下：

Grant 权限 to 用户

如：将学生表的更新权限授予给用户 yhf。

Grant Update on Student to yhf

（2）Revoke，收回授予用户的权限，格式如下：

Revoke 权限 from 用户

如：收回用户对学生表的更新权限。

Revoke Update from Student

（四）数据查询语言

查询语句是 SQL 的核心语句，SQL 对数据库的读（查询）操作都是由查询语句完成的。查询语句的关键谓词是 Select，该语句由一系列子句灵活组成，这些字句的作用是设定筛选条件、设置结果形式等。其语法结构如下：

Select［all/ distinct］<列名>［,<列名>］…

From　<表名>［,<表名>］…

［Where　<条件表达式>］

［Group by　<列名 1>［having　<条件表达式>］］

［Order by　<列名 2>［asc/desc］］；

Select 关键谓词后面可以使用 all 关键字查询满足条件的由所有字段构成的记录，而后面指定字段名则查询出满足条件的记录的特定属性字段，SQL 语句支持单列（单字段）查询和多列（多字段）查询。Where 子句用于设定筛选条件，该子句是可选项，如果没有则表示返回所有记录。Group by 子句设定了查询结果的分组规则（其中 having 关键词为其他行选择标准）。Order by 子句设定了查询结果的排序规则（其中 asc 表示按某一列数据值升序排列，desc 则表示降序），SQL 语句支持单列排序，也支持多列（复合字段）排序。需要注意的是，无论 Select 语句由多少子句构成，Order 子句一定要放在最后。distinct 关键词表示删除查询结果中值相同的行。

Select 查询语句最强大的功能体现在 Where 子句上,Where 子句可以设置各种查询筛选条件。

1. 简单查询筛选条件

Where 子句的简单筛选条件可以实现单值比较筛选和范围筛选。

Where 子句支持数值类型和字符串类型的多种单值比较运算,比较运算符见表 1-12。

表 1-12　SQL 单值比较运算符

运算符	说明	运算符	说明
=	等于	! =或< >	不等于
>	大于	! >	不大于
<	小于	! <	不小于
> =	大于或等于	< =	小于或等于

Where 子句的范围筛选是通过 between … and 关键词组实现的。Where 子句格式如:

Where 列名 between 字段值 1 and 字段值 2

此时,Where 子句将返回查询结果值在字段值 1 和字段值 2 之间(并包含字段值 1 和字段值 2)的记录。字段值可以是数据值类型,也可以是字符型。

2. 复杂查询筛选条件

Where 子句的复杂筛选条件包括组合条件(and 运算符、or 运算符)、in 运算符、not 运算符、like 运算符等。

1)and 组合条件查询

Where ＜条件表达式＞[and ＜条件表达式＞][and ＜条件表达式＞]…

and 运算符为与运算,表示返回多个条件表达式同时满足时筛选的结果。

2)or 组合条件查询

Where ＜条件表达式＞[or ＜条件表达式＞][or ＜条件表达式＞]…

or 运算符为或运算,表示返回多个条件表达式只要一个满足时筛选的结果。

3)and、or 组合使用

Where ＜条件表达式＞[and ＜条件表达式＞][or ＜条件表达式＞]…

子句中 and 运算符的优先级要高于 or 运算符,因此上式等价于:

Where(＜条件表达式＞ and ＜条件表达式＞)or ＜条件表达式＞

4)in 运算符

in 运算符可以使用户获取到指定字段值里的记录。与 not 运算复合为 not in 则表示范围不再指定字段值里的所有记录。Where 子句的语法结构如下:

Where ＜列名＞ in(字段值[,字段值])

5)not 运算符

not 运算符表示对筛选条件的值取反,表示返回除筛选条件外其他的记录。

6)like 运算符和通配符

like 运算符是实现模糊查询的关键词。模糊查询是指依据部分字段值信息(如字符串中的部分字符),查找出按一定模式包含指定字段值的所有记录。

SQL 语句提供"%""－""[ ]""＊"四种通配符。"＊"一般放在 Select 关键谓词后面,其作用与 Select all 一致。其他三个通配符都可以和 like 运算符搭配,like 运算符单独使用相当于"＝"运算符,与通配符配合便可实现模糊查询。子句语法结构与执行结果见表 1-13。

表 1-13　SQL 通配符及其与 like 运算符配合执行结果

like 子句	通配符结构	执行结果
where＜列名＞like	'字段关键值%'	返回以"字段关键值"开头的所有记录
	'%字段关键值'	返回以"字段关键值"结尾的所有记录
	'%字段关键值%'	返回包含"字段关键值"的所有记录
	'字段关键值1%字段关键值2'	返回以"字段关键值1"开头、"字段关键值2"结尾的所有记录
	'＿'	一个"－"代表一字,多个"－"连在一起代表多个字
	'字段关键值＿'	表示以"字段关键值"开头的多一个字的所有记录;"＿"的位置可以与"%"类似放置
	'[ ]'	返回满足[ ]中任意一个字符的记录;还可以与"＿"、"%"结合使用。例如,'[学生]%'表示以"学"或"生"开头的字段值

四、索引

　　索引就是加快检索表中数据的方法。索引实际上是根据关系(表)中某些字段的值建立一棵树型结构的文件。索引文件中存储的是按照某些字段的值排列的一组记录号,每个记录号指向一个待处理的记录,因此索引实际上可以理解为根据某些字段的值进行逻辑排列的一组指针。在日常生活中,经常会遇到索引,如图书目录、工业词典索引等,通过索引可以大大提高查询的速度,但索引的功能仅限于查询。

　　目前,很多 DBMS 系统软件直接使用主键的概念建立索引,方法是建立基本表时直接定义主键,即建立了主索引,一个表只能有一个主索引,同时用户还可以建立其他索引,不同的 DBMS 略有区别。

　　(一)索引的类型

　　索引从以下两个方面分类:

　　(1)列的使用角度,分为单列索引、唯一索引、复合索引三类。

　　①单列索引:对基本表的某一单独的列进行索引。通常应对每个基本表的主关键字建立单列索引。

　　②复合索引:针对基本表中两个或两个以上列建立的索引。

　　③唯一索引:一旦在一个或多个列上建立了唯一索引,则不允许在表中相应的列上插入任何相同的取值,即唯一索引中不能出现重复的值,索引列中的数据必须是唯一的。

　　唯一索引可以确保所有数据行中任意两行被索引的列不包括 null 在内的重复值。如果是复合唯一索引,此索引中的每个组合都是唯一的。

(2)从是否改变基本表中记录的物理位置角度,分为聚集索引和非聚集索引两类。

①聚集索引是指数据行的物理存储顺序与索引顺序完全相同。每个表只能有一个聚集索引,但是聚集索引可以包含多个列,此时复印件为复合索引。虽然聚集索引可以包含多个列,但是最多不能超过 16 个。当表中有主键约束时,系统自动生成一个聚集索引。

只有当表包含聚集索引时,表内的数据行才按一定的排列顺序存储。如果表没有聚集索引,则其数据行按堆集方式存储。

②非聚集索引具有完全独立于数据行的结构,它不改变表中数据行的物理存储顺序。

(二)索引的优缺点

1. 索引的优点

创建索引可以大大提高系统的性能。

(1)通过创建唯一索引,保证数据库表中每一行数据的唯一性。

(2)大大加快数据的检索速度。这是创建索引的最主要原因。

(3)加速表和表之间的连接,特别是在实现数据的参考完整性方面很有意义。

(4)在使用分组(Group by)和排序(Order by)子句进行数据检索时,显著减少查询中分组和排序的时间。

(5)通过使用索引,在查询的过程中使用优化隐藏器,提高系统性能。

2. 索引的不足之处

索引虽说有许多优点,但增加索引有许多不利的方面:

(1)创建索引和维护索引要耗费时间。这种时间随着数据量的增加而增加。

(2)索引需要占用物理空间。除数据表占用数据空间外,每一个索引还要占用一定的物理空间。如果要建立聚簇索引,需要的空间更大。

(3)当对表中的数据进行增加、删除和修改时,索引也需要动态的维护,降低了数据的维护速度。

(三)应建立索引的列

索引建立在数据库表中的某些列上。因此,在创建索引时,应仔细考虑哪些列上可以创建索引,哪些列上不能创建索引。一般来说,应在下述列上创建索引:

(1)需要经常搜索的列。可以加快搜索的速度。

(2)作为主键的列。强制该列的唯一性和组织表中数据的排列结构。

(3)经常用在连接的列。这些列主要是一些外键,可以加快连接的速度。

(4)经常需要根据范围进行搜索的列。因为索引已经排序,其指定的范围是连续的。

(5)经常需要排序的列。因为索引已经排序,查询可以利用索引的排序,缩短排序查询时间。

(6)经常需要使用在 Where 子句中的列。加快条件的判断速度。

(四)使用 SQL 语言创建索引

建立索引的基本命令格式为

Create [Unique][Cluster] Index ＜索引名＞ on ＜表名＞(＜列名＞[＜次序＞][,＜列名＞[＜次序＞]]……)

其中,＜表名＞是指要建立索引的基本表的名字,＜索引名＞是用户自己为建立索引起的名字。索引可以建立在该表的一列或多列上,各列名之间用逗号分隔,这种由两列或多列属性组成的索引称为复合索引(composite index)。每个列名后面还可以指定＜次序＞,即索引值的排列次序,可选 asc(升序)或 desc(降序),缺省值为 asc。

Unique:为表或视图创建唯一索引。

Clustered:创建一个聚集索引。

例:(1)为 Student 表建立索引 Stu_index_age,要求按年龄从小到大升序排列。

Create Index stu_index_age on Student(Age);

(2)在学生成绩管理数据库中,为"教师表"创建一个基于"职称""部门"列的复合非聚簇索引 Index_zcbm。其中,"职称"为升序排列,"部门"为降序排列。

Create Nonclustered Index_zcbm on 教师表(职称 asc,部门 desc)

或

Create Index_zcbm on 教师表(职称,部门 desc)

(五)使用 SQL 语言查看和删除索引

1. 查看索引

查看某个表中的索引情况的格式为:

[Execute] Sp_helpindex 表名

2. 删除索引

索引建立后,系统会自动对其进行选择和维护,无需用户干预。如果数据频繁地增加、修改或删除,系统会花大量的时间来维护索引,不仅达不到建立索引减少查询时间的目的,反而降低了系统整体的效率。因此,用户可以根据实际需要删除一些不必要的索引。删除索引的基本命令格式为:

Drop Index <索引名>;

例如,可以删除学生信息表中的年龄索引:

Drop Index STU_INDEX_AGE;

需要注意的是,该命令不能删除由 Create Table 或者 Alter Table 命令创建的主键 Primary 和唯一性约束 Unique 索引,也不能删除系统表中的索引,这些约束条件必须用 Alter Table…Drop 命令来完成。

■ 项目小结

本项目主要讲解了信息、数据、数据库及数据库系统的基本概念;介绍了数据库系统的组成与结构;重点讲解了关系型数据库的概念、关系模式、关系运算,SQL 的特点、组成、功能及基本语句等内容。

■ 复习与思考题

1. 简述信息与数据的关系。

2. 简述数据库系统的组成部分。

3. 关系模式及关系运算都包括哪些?

4. 试说明 select 语句的 from 子句、where 子句、order by 子句、group by 子句、having 子句和 into 子句的对象。

项目二　空间数据组织

项目概述

　　本项目主要学习空间数据类型和特征、矢量数据和栅格数据的组织、空间数据库的特点及空间数据模型。

学习目标

　　知识目标

　　熟悉空间数据的类型;掌握矢量数据和栅格数据的组织方式;理解空间数据库的概念;了解空间数据模型的种类。

　　技能目标

　　能正确识别矢量数据和栅格数据,区分矢量数据和栅格数据的异同及优缺点。

单元一　空间数据类型

　　空间数据又称为几何数据,是用来表示空间实体的位置、形态、大小及其分布特征诸多方面信息的数据,是对现实世界中存在的具有定位意义的事物和现象的定量描述。它可以用来描述来自现实世界的目标,具有定位、定性、时间和空间关系等特性。空间数据是一种用点、线、面以及实体等基本空间数据结构来表示人们赖以生存的自然世界的数据。

　　一、空间数据类型

　　(一)几何数据

　　几何数据描述地理实体在现实世界中的具体方位。一般是利用一定的仪器设备,通过一定的技术方法,观测得到的定量的坐标和方位数值。其基本的空间数据类型为点、线和面。

　　(二)属性数据

　　属性数据是指一个对象的非空间、非多媒体数据,如对象的名称和类型等,一般由多个属性数据项组成。在空间数据库中,属性是对物质、特性、变量或某一地理目标的数量和质量的描述指标。

　　(三)图形图像数据

　　静态图形图像数据是指通过分析和处理后以某种图像格式存储的图像数据,可以是一般的景物图像,也可以是遥感图像。一般地,图形数据为矢量结构,图像为栅格结构。动画数据是指可连续播放的动画帧数据(如车载 CCD 数据),帧之间用特殊的符号区分,这类数据一般较大。静态或视频图像的共同特点是,图像中的主要纹理或对象构成了图像的主体,所计算出的图像特征就反映了图像中主要对象的特征。

遥感数据包含两方面的信息:一是地物目标的集合空间信息,二是地物目标的光谱辐射信息。遥感图像既可以是灰度图像,也可以是彩色图像。近年来,随着各种军用、民用卫星的日益增多,遥感图像的数量急剧增长。

(四)文本数据

任一空间对象除有其时间、空间的分布特性外,更多描述该对象的数据是用文本方式记录,再用数据库加以存储和管理。这些文本数据与空间数据的集成,可以挖掘和提取相关的知识。

(五)多媒体数据

多媒体数据涉及多种不同类型的有用数据(文本、声音、图形、图像和表格化的数据等),含有这些数据的数据库被称为多媒体数据库。多媒体空间数据库结合空间数据库和多媒体数据库的特点,采用两者的数据存储预处理方法,以空间对象为主框架,将多媒体数据附着于对象上,解决多媒体数据与空间数据之间的整合关系问题。

二、空间数据的来源

空间数据的来源是多种多样的,但是大部分的空间数据主要来源于 8 个方面:

(1)地图的数字化:由于以往地理空间信息的主要表达形式或载体是地图,所以数字化地图就成为地理信息的主要来源之一。由地图到地理空间信息的转化有两种主要途径,即直接数字化仪数字化地图和地图扫描后提取。该方法的优点是快捷有效但容易出现数据的不确定性问题,误差控制和质量控制问题在这一过程中容易出现。

(2)实测数据:通过野外实地测量获取的数据,如采用测量仪器进行实际勘察测量。用这种方法得到某些典型或主要空间和地理过程的数据,可以补充用其他方法获取的数据,如实测影像数据的控制地物、模糊部分等。

(3)实验数据:模拟地理真实世界中地物与过程特征产生的数据,它们表示在特定条件下的实际状况。如农业实验站获取的各种数据,可以近似表达某种区域中大气—土壤—植被系统的运作状况;地貌发育实验获取的数据,可以近似表达某种环境条件下地貌发育过程及各种特征。实验数据与实测数据的结合使用效果更佳。

(4)遥感与 GPS 数据:由航空、航天各种实施获取的数据,如卫星影像数据获取。目前,对这些数据的处理存在影像解译、分类、提取等一系列操作的自动化和信息质量的问题。GPS 可以准确获取地物的空间位置。

(5)理论推测与估计数据:在不能通过其他方法直接获取数据的情况下,常用有科学依据的理论来推测获取数据。另外,对于一些短期内需要但又不能直接测量获取的数据,如洪水淹没损失、地震影像区、风灾损失面积、经济财产损失等常用有依据的估算方法。

(6)历史数据:历史文献中记录下来的关于地理区域及地理事件的各种信息,这类信息十分丰富,对于建立序列地球空间数据很宝贵。经过基于地学知识关联的整理和完善,这些信息将成为可用的地球空间数据。

（7）统计普查数据：由空间位置概念的统计数据通过与空间位置关联或其他处理可以转化为地球空间数据。

（8）集成数据：主要是指由已有的地球空间数据经过合并、提取、布尔运算、过滤等操作得到新的数据。

三、空间数据的特征

空间数据作为数据的一个特例，除数据的一般特性（如选择性、可靠性、时间性、完备性和详细性等）外，还具有自身的一些特性，这些特性影响了空间数据的组织方式，也构成了GIS空间分析与应用的条件和任务。

（一）空间性

空间性是空间数据最基本和最主要的特性。它是指空间物体的位置、形态以及由此产生的系列特性，能够指明地物在地理空间中的位置，回答"在哪里"的提问。空间性丰富了空间数据分析的内容和方法，也使空间数据组织和管理更为复杂。常规的数据管理可以使用分类树对物体进行编码，并据此进行存储管理，但分类树无法反映空间物体之间的各种关系，这使得空间数据组织与管理比传统的数据组织与管理复杂和困难得多。

（二）多态性

空间数据的多态性具有两层含义：一是相同地物在不同情况下的形态差异，如居民地在比例尺较大的空间数据库中可能以面状地物类型存在，而在比例尺较小的空间数据库中只能用点状表示；二是不同地物占据相同的空间位置，这主要反映在经济人文数据和自然环境数据在空间位置上的重叠，如河流是水系要素，但同时也可能是境界要素。前者影响着空间数据在多比例尺空间数据库中的存储、集成和表达；后者改变了空间数据管理中基于对象的数据模型，即为了避免数据的冗余以及保证数据的一致性，增加无属性纯拓扑的弧段类型，从而保证空间数据模型既能够反映这种多态性，同时又不重复存储数据，不造成空间数据维护上的困难。

（三）多维性

地理空间数据具有多维结构的特征，地理实体和现象本身就具有多种性质，加上与之联系的属性特征和时间特征，使得空间数据的多维性表现得更为突出。例如，一个居民地，它既包含有地理位置、海拔、气候条件、地貌类型等自然地理特性，也具有行政区划、人口、交通、经济等相应的社会经济信息。地理空间数据的多维性不仅造成了空间数据组织与管理上的困难，也为空间数据库今后的发展指明了新的方向，多媒体数据库、时空数据库、实时数据库等概念的提出就与之紧密相关。

（四）多尺度性

地球系统是由各种不同级别子系统组成的复杂巨系统，各个级别的子系统在空间规模上存在很大差异，而且由于空间认知水平、数据精度和比例尺等的不同，地理实体的表现形式也不相同，因此多尺度性成为地理空间数据的重要特征。这一特性主要表现在空间数据的综合和概括上，根据空间数据的应用目的、比例尺和区域特点不同，可以由相同的数据源形成不同尺度规律的数据。多尺度的空间数据反映了空间目标和现象在不同空间尺度下具有的不同形态、结构和细节，可以应用于宏观、中观和微观各个层次上空间数据的组织管理和分析应用。

（五）非结构化

在当前通用的关系数据库中，数据记录一般是结构化的，所谓结构化数据就是能够使用关系数据库的二维表结构来逻辑表达实现的数据，数据项表达的只能是原始的简单数据类型，如整型、日期型、布尔型等，不允许数据嵌套。相对于结构化数据而言，空间数据属于非结构化数据，它不方便用关系数据库的二维逻辑表来进行组织。就像一条弧段，其数据长度是不可限定的，可以仅仅只有两个坐标点，也可能有上万个坐标点，因此无法满足关系数据模型的范式要求，这也就是空间几何数据难以直接采用通用的关系数据库管理系统的主要原因之一。

（六）海量性

空间数据的数据量极大，通常称为海量数据，它比一般的普通数据库数据量要大得多，既包含空间几何数据，又有专题属性数据。

单元二　矢量数据组织

一、矢量数据

矢量也叫向量，矢量是表示大小及方向的量。通俗地理解，矢量数据就是代表地图图形的各离散点平面坐标$(X、Y)$的有序集合。在这种集合中，矢量数据表示的坐标空间是连续的，可以精确定义地理实体的任意位置、长度和面积等。

矢量数据结构是一种最常见的图形数据结构，主要用于表示几何数据之间及其与属性数据之间的相互关系。在直角坐标系中，用$X、Y$坐标表示实体位置的数据，通过坐标的形式表示空间实体的几何形状，通过记录属性数据表示空间实体的性质；通过建立拓扑关系表示空间实体的空间关系。要完整地描述地理实体，必须从以下几个方面进行。

（一）编码

编码是指确定空间数据分类代码的方法和过程。代码是一个或一组有序的易于被计算机或人识别与处理的符号，是计算机鉴别和查找信息的主要依据和手段。代码的功能主要有：

（1）鉴别。代码代表对象的名称，是鉴别对象的唯一标识。

（2）分类。当按对象的属性分类，并分别赋予不同的类别代码时，代码又可作为区分分类对象类别的标识。

（3）排序。当按对象产生的时间、所占的空间或其他方面的顺序关系排列，并分别赋予不同的代码时，代码又可作为区别对象排序的标识。

编码应遵循一定的原则，主要包括：①唯一性，一个代码只唯一地表示一类对象。②合理性，代码结构要与分类体系相适应。③可扩性，必须留有足够的备用代码，以适应扩充的需要。④简单性，结构应尽量简单，长度应尽量短。⑤适用性，代码应尽可能反映对象的特点，以助记忆。⑥规范性，代码的结构、类型、编写格式必须统一。

代码的类型是指代码符号的表示形式，有数字型、字母型、数字和字母混合型三类。

（二）类型

分类是将具有共同的属性或特征的事物或现象归并在一起，而把不同属性或特征的事物或现象分开的过程。分类的基本原则是：①科学性，选择事物或现象最稳定的属性和特征作为分类的依据。②系统性，应形成一个分类体系，低级的类应能归并到高级的类中。③可扩性，应能容纳新增加的事物和现象，而不至于打乱已建立的分类系统。④实用性，应考虑信息分类所依据的属性或特征的获取方式和获取能力。⑤兼容性，应与有关的标准协调一致。

（三）属性

空间属性特征是对所对应的空间实体或现象的说明信息。它从定性角度和定量角度来描述和区分不同的地理实体或现象，如分类、数量和名称等。一般来讲，属性描述内容的多少与建立数据库的目的有关。其内容可进一步分为主导属性和扩展属性。前者是描述一个地理实体或现象所必需的基本内容，后者是根据用户的需要添加的。例如，对于道路的属性，标识码、分类码、名称、宽度、长度、路面材料、等级等是主导属性，而车流量、车道数量、建设年代、权属等是扩展属性。但有时这种划分并不明显，关键是其在信息系统中的重要性。

时间特征是描述地理实体或现象随时间变化的特征。按照信息系统记录时间的方式，可分为绝对时间和相对时间。前者是地理实体或现象实际发生变化的绝对时刻，后者则是发生变化的时间段。

（四）位置

位置信息主要涉及几何目标的坐标位置、方向、角度、距离和面积等信息，它通常用解析几何的方法来分析。在矢量数据结构中，点数据可直接用坐标值描述；线数据可用均匀或不均匀间隔的顺序坐标链来描述；面状数据（或多边形数据）可用边界线来描述。矢量数据的组织形式较为复杂，以弧段为基本逻辑单元，而每一弧段被两个或两个以上相交结点限制，并为两个相邻多边形属性所描述。

地理数据的位置特征和属性特征相对于时间特征来讲，常常呈相互独立的变化，即在不同的时间，空间位置不变，但属性可能发生变化，反之亦然。这种变化可能是局部的变化或整体的变化，对于一个空间数据库来讲，两者可能是并存的，这就使地理空间数据的管理和更新更复杂。

（五）关系

矢量数据组织记录空间坐标与空间目标的拓扑关系。用拓扑关系来描述并确定空间的点、线、面之间的关系及属性，并可实现相关的查询和检索。从拓扑观点出发，关心的是空间的点、线、面之间的关系及属性，并可实现相关的查询和检索。从拓扑观点出发，关心的是空间的点、线、面之间的连接关系，而不关心实际图形的几何形状。因此，几何形状相差很大的图形，它们的拓扑结构却可能相同。

（六）符号

在矢量数据结构中，除点实体的 X、Y 坐标外，还应存储其他一些与点实体有关的数据来描述点实体的类型、制图符号和显示要求等。记录时应包括符号类型、大小、方向等有关信息。如果点是文本实体，记录的数据应包括字符大小、字体、排列方式、比例、方向及与其他非图形属性的联系方式等信息。

（七）说明

对地理实体数据的说明，如元数据。

二、矢量数据的表示方法

点——由一对 X、Y 坐标表示。

线——由一串有序的 X、Y 坐标对表示。

面——由一串或几串有序的且首尾坐标相同的 X、Y 坐标对及面标识表示。

矢量数据结构是利用欧几里得几何学的点、线、面及其组合体来表示地理实体空间分布的一种数据组织方式，通过记录坐标的方式，用点、线、面等基本要素尽可能精确地表示各种实体。

矢量数据结构可以表示现实世界中各种复杂的实体，当问题可描述成线和边界时，特别有效。矢量数据冗余度低，结构紧凑，并具有空间实体的拓扑信息，便于深层次分析。矢量数据的输出质量好、精度高。

矢量数据结构可以分为两种主要类型：简单数据结构和拓扑数据结构。

（一）简单数据结构

矢量数据的简单数据结构没有拓扑关系，主要用于矢量数据的显示、输出以及一般的查询和检索，可分别按点、线、面三种基本形式来描述。

1. 点的矢量数据结构

点的矢量数据结构可表示为

标识码	X、Y 坐标

标识码通常按一定的原则编码，简单情况下可按顺序编号。标识码具有唯一性，是联系矢量数据和与其对应的属性数据的关键字。属性数据单独存放在数据库中。

在点的矢量数据结构中也可包含属性码，其数据结构为

标识码	属性码	X、Y 坐标

属性码通常把与实体有关的基本属性（如等级、类型、大小等）作为属性码。属性码可以有一个或多个。

X、Y 坐标是点实体的定位点，如果是有向点，则可以有两个坐标对。

2. 线（链）的矢量数据结构

线（链）的矢量数据结构可表示为

标识码	坐标对数 n	X、Y 坐标

标识码的含义与点的矢量数据结构相同。同样，在线的矢量数据结构中还可含有属性码，如表示线的类型、等级、是否要加密、光滑等。

坐标对数 n 指构成线（链）的矢量坐标，共有 n 对。也可把所有线（链）的 X、Y 坐标串单独存放，这时只要给出指向该链坐标串的首地址指针即可。

3. 面(多边形)的矢量数据结构

面(多边形)的矢量数据结构可以像线的矢量数据结构一样表示,只是坐标串的首尾坐标相同。链索引编码的面(多边形)的矢量数据结构,可表示为

标识码	链数 n	链标识码集

标识码的含义同点和线的矢量数据结构,在面的矢量数据结构中也可含有属性码。

链数 n 指构成该面(多边形)的链的数目。

链标识码集指所有构成该面(多边形)的链的标识码的集合,共有 n 个。

这样,一个面(多边形)就可由多条链构成,每条链的坐标可由线(链)的矢量数据结构获取。这种方法可保证多边形公共边的唯一性;但多边形的分解和合并不易进行;邻域处理比较复杂,需追踪出公共边;在处理"洞"或"岛"之类的多边形嵌套问题时较麻烦,须计算多边形的包含等。

简单数据结构的特点如下:

(1)数据按点、线或多边形为单元组织,数据编排直观,数字化操作简单。

(2)每个多边形都以闭合线段存储,多边形之间的公共边界被数字化和存储两次,造成数据冗余和不一致。

(3)点、线和多边形有各自的坐标数据,但没有拓扑数据,互相之间不关联。

(4)岛只作为一个单个的图形建造,没有与外包多边形的联系。

(5)不易检查拓扑错误。

(二)拓扑数据结构

所谓拓扑是 TOPO 的译音,拓扑性质是指在双向连续且 1—1 对应的变换下图形的不变的性质。而这种双向连续且 1—1 对应的变换称为拓扑变换。二维上,这种拓扑变换可用理想橡皮板拉伸、压缩来实现,故拓扑性质也可称为橡皮板上的空间特性。拓扑关系则是两个以上拓扑元素间的拓扑性质。

建立拓扑关系是一种对空间结构关系进行明确定义的数学方法。具有某些拓扑关系的矢量数据结构就是拓扑数据结构,拓扑数据结构的表示方式没有固定的格式。

1. 拓扑元素

对二维而言,矢量数据可抽象为点(结点)、线(链、弧段、边)、面(多边形)三种要素,即称为拓扑元素。对三维而言,则要加上体。

点(结点)——孤立点、线的端点,面的首尾点,链的连接点等。

线(链、弧段、边)——两结点间的有序弧段。

面(多边形)——若干条链构成的闭合多边形。

2. 拓扑数据结构

一般来说,通过结点、弧段、多边形就可以表达任意复杂程度的地理空间实体。所以,结点、弧段、多边形之间的拓扑关系就显得十分重要。归纳起来,结点、弧段、多边形间的拓扑关系主要有如下三种:

(1)拓扑邻接。指存在于空间图形的同类图形实体之间的拓扑关系。如结点间的邻接关系和多边形间的邻接关系。如图 2-1 中,结点 N_1 与结点 N_2、N_3 相邻,多边形 P_1 与多边形

P_2、P_3 相邻。

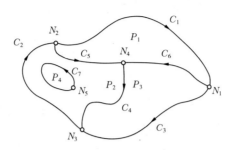

图 2-1　空间数据的拓扑关系

（2）拓扑关联。指存在于空间图形实体中的不同类图形实体之间的拓扑关系。如弧段在结点处的联结关系和多边形与弧段的关联关系。如图 2-1 中，结点 N_1 与弧段 C_1、C_3、C_6 相关联，多边形 P_1 与弧段 C_1、C_5、C_6 相关联。

（3）拓扑包含。指不同级别或不同层次的多边形图形实体之间的拓扑关系。如图 2-1 中，多边形 P_2 包含多边形 P_4。

以图 2-1 为例，结点—弧段—多边形的矢量拓扑关系如表 2-1 ~ 表 2-4 所示。

表 2-1　结点—弧段的拓扑关系

结点	弧段		
N_1	C_1	C_3	C_6
N_2	C_1	C_2	C_5
N_3	C_2	C_3	C_4
N_4	C_4	C_5	C_6
N_5	C_7		

表 2-2　弧段—结点的拓扑关系

弧段	起点	终点
C_1	N_2	N_1
C_2	N_3	N_2
C_3	N_1	N_3
C_4	N_4	N_3
C_5	N_2	N_4
C_6	N_1	N_4
C_7	N_5	N_5

表 2-3　弧段—多边形的拓扑关系

弧段	左多边形	右多边形
C_1	O	P_1
C_2	O	P_2
C_3	O	P_3
C_4	P_3	P_2
C_5	P_1	P_2
C_6	P_3	P_1
C_7	P_4	P_2

表 2-4　多边形—弧段的拓扑关系

多边形	弧段
P_1	C_1　C_5　C_6
P_2	C_2　C_4　C_5
P_3	C_3　C_4　C_6
P_4	C_7

■ 单元三　栅格数据组织

栅格数据结构是以规则的像元阵列来表示地理实体的空间分布的数据结构,其阵列中的每个数据表示地理实体的属性特征。换句话说,栅格数据结构就是像元阵列,用每个像元的行列号确定位置,像元值表示实体的类型、等级等的属性编码。点状要素的几何定位可以用其定位点所在单一像素的行列号表示,线状要素可借助于其中心轴线上的像素来表示,中心轴线恰好为一个像素组,即恰好有一条途径可以从轴线上的一个像素到达相邻的另一个像素。由于像素相邻模式有两种,即"4 向邻域"和"8 向邻域",所以由一像素到另一像素的途径可以不同,对于同一线状要素,在栅格数据中可得出不同的中心轴线。面状要素可借助于其所覆盖的像素的集合来表示。

在栅格数据中,图形和图像的纹理由像素确定,像素用灰度等级或颜色值标识。当颜色和灰度只有黑白二值时,图像和图形没有区别。因此,为了对图像进行进一步处理或将栅格数据向矢量数据转换,常常对图像进行二值化处理。

栅格数据具有数据获取自动化程度高、数据结构简单,便于存储和计算,并易于进行叠置分析,有利于与遥感数据进行匹配分析和应用等优点。但栅格数据的数据量大,图形分辨率比较低。分辨率大小是图形或图像数据采样时的一个问题,分辨率越高,像素量越多,数据量越大,要求计算机资源越多;分辨率太小,又满足不了用户的要求。

栅格数据的主要来源包括遥感数据、地图或图像扫描数据、矢量数据转换以及人工方法获取等。随着遥感技术的成熟和推广应用,遥感数据已经成为地理数据库最重要的数据源,因此栅格数据是计算机存储和处理的一种常用的数据格式。

一、栅格格式及其结构

栅格格式,即将空间分割成有规则的网格,在每个网格上给出相应的属性信息来表示地理信息的一种形式。在栅格数据中,地理表面被分割为相互邻接、规则排列的结构体,如正方形、矩形、等边三角形、正多边形等,其中正方形网格最常见。每个网格称为一个像元,像元值对应地理实体的属性信息。如果给定参照原点及 X、Y 轴的方向以及网格的生成规则,则可以方便地使网格位置与平面坐标对应起来,即每个网格都具有明确的平面坐标,并用行列式方式直接表示各个网格属性值。属性值可以是对应于地理实体的颜色、符号、数字、灰度值等。由此可知,栅格数据、遥感图像及扫描数据的数据格式基本相同。由于栅格数据结构表达的数据由一系列的网格按顺序有规律排列而成,所以很容易用计算机处理和操作。

用栅格数据描述地理实体的结果如下:

(1)点实体——表示为一个像元,如图 2-2(a)所示。

(2)线实体——表示为在一定方向上连接成串的相邻像元的集合,如图 2-2(b)所示。

(3)面实体——表示为聚集在一起的相邻像元的集合,如图 2-2(c)所示。

```
0 0 0 0 0 0 0 0      0 0 0 0 0 0 0 0      0 0 0 0 4 4 4 0
0 0 0 1 0 0 0 0      0 3 3 0 0 0 0 0      0 0 0 4 4 4 4 0
0 0 0 0 0 0 0 0      0 0 0 3 0 0 0 0      0 0 0 4 4 0 0 0
0 0 0 0 0 2 0 0      0 0 0 0 3 0 0 0      0 0 0 4 5 5 0 0
0 0 3 0 0 0 0 0      0 0 0 0 3 3 0 0      0 0 0 0 5 5 5 0
0 0 0 0 0 0 0 0      0 0 0 0 0 3 0 0      0 0 0 5 5 5 0 0
        (a)                  (b)                  (c)
```

图 2-2　栅格数据的表示

栅格数据表示的是二维表面上的地理数据的离散化数值。在栅格数据中,地表被分割为相互邻接、规则排列的矩形方块(有时也可以是三角形、六边形等),每个地块与一个像元相对应。因此,栅格数据的比例尺就是栅格(像元)的大小与地表相应单元的大小之比,当像元所表示的面积较大时,对长度、面积等的测量有较大影响。每个像元的属性是地表相应区域内地理数据的近似值,因而有可能产生属性方面的偏差。

栅格数据记录的是属性数据本身,而位置数据可以由属性数据对应的行列号转换为相应的坐标。栅格数据的阵列方式很容易被计算机存储和操作,不仅很直观,而且易于维护和修改。

二、栅格数据的优缺点

栅格数据的优点如下:

(1)通过网格行列号直接表征地理实体的位置、分布信息,而结合网格行列号及属性值则可以直观地表示地理实体之间的空间关系。

(2)多元数据叠合操作简单,不同的数据源在几何位置上配准,将代表空间目标的属性

的网格值按一定规则进行简单的加、减等处理,便可得到异源数据叠合的结果,容易实现各类空间分析功能及数学建模表达。

(3)可以快速获取大量相关数据。

栅格数据的不足如下:

(1)精度取决于原始网格(像元)的大小,处理结果的表达受分辨率限制。

(2)数据相关造成冗余,当表示不规则多边形时数据冗余度更大,在遥感影像中存在大量的背景信息。

(3)不同数据有各自固定的格式,处理时需要加以转换。

(4)建立网格连接关系比较困难,难以进行网络分析。

(5)难以对单个地理实体进行操作。

(6)数学变化针对所有网格(像元)时,耗时较多。

三、栅格数据编码方法

栅格数据压缩编码是指在满足一定数据质量的前提下,用尽可能少的数据表示原始栅格信息。主要目的是消除数据冗余,用不相关的数据来表示栅格图像。总体而言,可分为信息保持、失真及限失真两大类编码。其中,信息保持编码是指栅格数据经过压缩后的编码,在解压后可以完全恢复原始数据,不产生信息损失,如游程编码等。失真及限失真编码是指栅格数据经过编码压缩后,在解压时不能完全恢复原始数据,而产生一定的信息损失。一般的影像数据都采用失真及限失真编码,这类编码又称为保真度编码,如 Shannon 码等。这里主要介绍直接编码、游程长度编码和四叉树编码。

(一)直接编码

将栅格数据看作一个数据矩阵,逐行(或逐列)记录代码,可以每行都从左到右记录,也可以奇数行从左到右记录,偶数行从右到左记录。图 2-3 的栅格图像的直接编码为AAAAABBBAABBAABB。

A A A A

A B B B

A A B B

A A B B

图 2-3　简单栅格图像

记录栅格数据的文件称为栅格文件,一般在文件头保存栅格数据的行、列数,行、列宽度等信息。这样,具体的像元值就可连续存储了。直接编码的特点是处理方便,但没有压缩。

(二)游程长度编码

游程长度编码也称为行程编码,基本思想是:按行扫描,将相邻等值的像元合并,并记录代码的重复个数。图 2-3 的图像编码为 A4 A1 B3 A2 B2 A2 B2,进一步地,在行与行之间不间断地连续编码为 A5 B3 A2 B2 A2 B2。

对于游程长度编码,区域越大,数据的相关性越强,则压缩率越高。其特点是压缩效率较高,叠加、合并等运算简单,编码和解码运算快。

（三）四叉树编码

四叉树编码是最有效的栅格数据压缩编码方法之一,其基本思路为:将 $2^n \times 2^n$ 像元组成的图像(不足的用背景补上)所构成的二维平面按四个象限进行递归分割,直到子象限的数值单调,最后得到一棵倒向四叉树,该树最高为 n 级。图 2-3 所示栅格图像的倒向四叉树如图 2-4 所示。

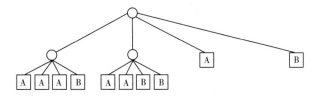

图 2-4　倒向四叉树

常规四叉树除要记录叶节点外,还要记录中间节点,节点之间的联系(父子关系)靠指针记录。因此,为记录常规四叉树,通常每个节点需要 6 个变量,即父节点的指针、四个子节点的指针和本节点的属性值。

节点所代表的图像块的大小可由节点所在的层次决定,层次数由从父节点移到根节点的次数来确定。节点所代表的图像块的位置需要从根节点开始逐步推算下来。因而常规四叉树是比较复杂的。为了解决四叉树的推算问题,提出了一些不同的编码。下面介绍最常用的线性四叉树编码。

线性四叉树编码的基本思想是:不记录中间节点,也不使用指针,仅记录叶节点,并用地址码表示叶节点的位置。

线性四叉树地址码的计算过程为,首先将二维栅格数据的行列号(从 0 开始)转化为二进制数,然后从高位开始,每次取一个数据位,行在前、列在后交叉放入 Morton 码,即为线性四叉树的地址码的二进制值,可进一步把该值转化为十进制值。

例如,对于第 3 行、第 5 列的 Morton 码为

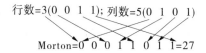

这样,在一个 $2^n \times 2^n$ 的图像中,每个像素都有一个 Morton 码,当 $n=3$ 时图像的各像素地址码如图 2-5 所示。这样就可将二维图像以 Morton 码的大小顺序写成一维数据,通过 Morton 码就可知道像元的位置。把一幅 $2^n \times 2^n$ 的图像压缩成线性四叉树的过程为:

(1)按 Morton 码从小到大的顺序依次把图像各像素值读入一维数组。

(2)从第一个像元开始,比较相邻四个像元的值,一致的合并,只记录第一个像元的 Morton 码。

(3)比较所形成的大块,具有相同值的邻近块再合并,直到不能合并。

行＼列	0	1	2	3	4	5	6	7
0	0	1	4	5	16	17	20	21
1	2	3	6	7	18	19	22	23
2	8	9	12	13	24	25	28	29
3	10	11	14	15	26	27	30	31
4	32	33	36	37	48	49	52	53
5	34	35	38	39	50	51	54	55
6	40	41	44	45	56	57	60	61
7	42	43	46	47	58	59	62	63

图 2-5　3×3 图像的 Morton 码

对用上述线性四叉树的编码方法所形成的数据还可进一步用游程长度编码压缩。压缩时只记录第一个像元的 Morton 码。

图 2-3 所示图像的 Morton 码如图 2-6 所示,像元值的右下角标为 Morton 码,则压缩过程为

A_0	A_1	A_4	A_5
A_2	B_3	B_6	B_7
A_8	A_9	B_{12}	B_{13}
A_{10}	A_{11}	B_{14}	B_{15}

图 2-6　图 2-3 所示图像的 Morton 码

(1)按 Morton 码读入一维数组。

Morton 码	0	1	2	3	4	5	6	7	8	9	10	11	12	13	14	15
像元值	A	A	A	B	A	A	B	B	A	A	A	A	B	B	B	B

(2)四相邻像元合并,只记录第一个像元的 Morton 码。

　　　0　1　2　3　4　5　6　7　8　12

　　　A　A　A　B　A　A　B　B　A　B

(3)进一步进行游程长度编码压缩,获得图 2-3 所示图像的线性四叉树编码如下:

　　　0　3　4　6　8　12

　　　A　B　A　B　A　B

解码时,根据 Morton 码就可知道像元在图像中的位置(左上角),本 Morton 码和下一个 Morton 码之差即为像元个数。知道像元的个数和像元的位置就可恢复图像了。

线性四叉树编码的优点是:压缩效率高,压缩和解压缩比较方便,阵列各部分的分辨率

可不同,既可精确地表示图形结构,又可减少存储量,易于进行大部分图形操作和运算。缺点是:不利于形状分析和模式识别;具有变换不定性,如同一形状和大小的多边形可得出完全不同的四叉树结构。

四、矢量数据结构与栅格数据结构的比较

矢量数据结构将现实世界抽象为点、线、面基本要素,可以构成现实世界中各种复杂的实体,当问题可描述成线或边界时,特别有效,具有结构紧凑、冗余度低的特点,并具有地理实体的拓扑信息,容易定义和操作单个地理实体,便于网络分析;同时,还具有输出质量好、精度高等优点。

但是,矢量数据结构的复杂性导致操作和算法的复杂化,作为一种基于线和边界的编码方法,不能有效地支持影像代数运算,点集的集合运算(如叠加)效率低且复杂;结构复杂导致地理实体的查询十分费时,需要逐点、逐线、逐面地查询;矢量数据和栅格形式的影像数据不能直接运算,交互时必须进行矢量栅格转换;矢量数据与 DEM 的交互是通过等高线来实现的,不能与 DEM 直接进行联合空间分析。

栅格数据结构是通过空间点的密集而规则的排列表示整体的空间现象的,数据结构简单,定位存取性能好,可以与影像、DEM 数据进行联合空间分析,数据共享容易实现,对栅格数据的操作比较容易。

栅格数据的数据量与格网间距的平方成反比,较高的几何精度的代价是数据量的极大增加。因为只使用行和列来作为地理实体的位置标识,故难以获取地理实体的拓扑信息,难以进行网络分析等操作。栅格数据结构不是面向实体的,各种实体往往是叠加在一起反映出来的,因而难以识别和分离。

栅格数据和矢量数据的组织异同点:

(1)栅格数据操作总体来说容易实现,矢量数据操作则比较复杂。

(2)栅格结构是矢量结构在某种程度上的一种近似,对于同一地物达到矢量数据相同的精度需要更大量的数据。

(3)在坐标位置搜索、计算多边形形状面积等方面,栅格结构更为有效,而且易与遥感相结合,易于信息共享。

(4)矢量结构对于拓扑关系的搜索则更为高效,网络信息只有用矢量才能完全描述,而且精度较高。

■ 单元四　空间数据库

一、空间数据库的定义

(一)空间

空间是一个复杂的概念,具有多义性,概念有与时间对应的含义,也有"宇宙空间"的含义。空间可以定义为一系列结构化物体及其相互联系的集合。从感观角度讲,空间可以看作是目标或物体存在的容器和框架,因此空间更倾向于理解为物理空间。不同的科学中对空间的解释各不相同,从地理学的意义上讲,空间是客观存在的物质空间,是人类赖以生存

的地球表层具有一定厚度的连续空间域,是地理信息系统研究的对象。

(二)空间数据库

空间数据库,顾名思义,是存放空间数据的仓库,只不过这个仓库是在硬盘上,而且数据按一定的格式存放。因此,空间数据库是存储在计算机内的有结构的空间数据的集合。空间数据是空间数据库存储对象,空间数据库中的数据不仅包含采取各种手段获取的空间数据本身,而且还包括这些空间数据之间的各种联系,联系也是数据。通过空间数据库管理系统将分层、分要素、分类型的空间地理数据进行有效的组织和统一的管理,以便于空间数据的维护、更新和应用。

二、空间数据库的特点

(一)空间数据的特征

空间数据有三大基本特征:空间特征、时间特征和属性特征。其中,空间特征是空间数据独有的,指的是空间对象的位置、形状、大小等几何特征以及与相邻地物之间的拓扑关系;而时间特征和属性特征是一般信息系统中的数据都具有的,空间数据库建库过程中需要考虑空间数据的实效性,尽量采用现势性强的数据。

1. 比例尺

作为空间数据特征的比例尺是指空间数据库入库前原始图件的比例尺,而数字化后的地图可在一定范围内按任意比例尺显示。空间数据库的比例尺通常取决于用户对空间数据的精度要求及所研究域的大小。精度要求越高,地图比例尺就越大,内容越详细,数字化工作量和存储量越大,一般来说,城市 GIS 的比例尺较大,通常在 1∶5 000 以上。应指出的是,整个空间数据库未必建立在同一比例尺上,因为有些 GIS 应用会同时需要不同比例尺的空间数据。

2. 坐标系

空间数据库中常用的坐标系有地理坐标系和平面直角坐标系。

(1)地理坐标系。地球表面上任意一点的位置都可由经纬度(ϕ, λ)来确定,从通过格林威治天文台的子午面向东为东经$(0°, -180°)$,向西为西经$(0°, -180°)$;从赤道面算起,向北为北纬$(0°, -90°)$,向南为南纬$(0°, -90°)$。在空间位置要求很明确的 GIS 中,空间数据库一般建立在地理坐标之上,因为经纬度不仅能表示空间对象在地球表面上的位置,还能显示其地理方位及所处的时区、两地间的时差等。另外,小比例尺大区域且经常需要进行投影变换的 GIS,也需要考虑采用地理坐标系。

(2)平面直角坐标系。平面直角坐标系定义一个原点$(0,0)$及(x,y)轴方向,然后通过(x,y)值确定某个地理实体的位置。在这个坐标系中,统计面积、距离量算等较为方便,在测绘中应用较广。它适合于大比例尺小区域的 GIS 应用。

3. 投影

上面两种坐标系可以通过地图投影来建立联系,即地球表面任一由地理坐标(ϕ, λ)确定的点,在平面上必然有一个有平面直角坐标(x,y)确定的点与它相对应。在大比例尺地形图上,两种坐标系都可表示。

在 GIS 应用中,选择地图投影类型的首要标准是经纬线形状和变形性质能否满足 GIS 对数据的要求;其次是投影的变形要小且分布均匀,使等变形线大致与区域轮廓一致;再则在各种地图投影中,高斯－克吕格投影(简称高斯投影)是目前使用较广泛的地图投影,它以地球椭球体面为原面,实行等角横轴切椭圆投影。高斯－克吕格投影具有投影公式简单、各带投影性质相似等优点,适合大区域的制图,为许多国家所采用;同时,它采用6°或3°分带法进行分带投影,这样可以控制变形,提高地图精度,减少坐标值的计算工作等。在高斯投影坐标网上,还可绘上经纬网和方里网。我国于1952年开始将之正式作为国家大地测量和五十万分之一及更小比例尺的国家基本地形图的数学基础。

在 GIS 应用中需要进行高程分析,还应该考虑所选用的高程系,我国的高程系有1956年黄海高程系和1985年国家高程系,在利用一些旧的地形图数据的时候可能需要进行高程系的转换。

(二)空间数据库的特点

(1)数据量庞大。

空间数据库面向的是地学及其相关对象,而在客观世界中它们所涉及的往往都是地球表面信息、地质信息、大气信息等极其复杂的现象和信息,所以描述这些信息的数据容量很大,容量通常达到 GB 级。

(2)具有高可访问性。

空间信息系统要求具有强大的信息检索和分析能力,这是建立在空间数据库基础上的,需要高效访问大量数据。

(3)空间数据模型复杂。

空间数据库存储的不是单一性质的数据,而是涵盖了几乎所有与地理相关的数据类型,这些数据类型主要可以分为以下 3 类:

①属性数据:与通用数据库基本一致,主要用来描述地学现象的各种属性,一般包括数字、文本、日期类型。

②图形图像数据:与通用数据库不同,空间数据库系统中大量的数据借助于图形图像来描述。

③空间关系数据:存储拓扑关系的数据,通常与图形数据是合二为一的。

(4)属性数据和空间数据联合管理。

(5)应用范围广泛。

三、空间数据库的组成

空间数据库系统通常是指带有数据库的计算机系统,它采用现代数据库技术来管理地图数据。因此,广义地讲,空间数据库系统不仅包括空间数据库本身(指实际存储在计算机中的空间数据),还包括相应的计算机硬件系统、空间数据库软件系统以及空间数据库开发、管理和使用人员等。

(一)空间数据库硬件系统

空间数据种类繁多,数据量庞大,数据模型复杂,因此数据库系统对硬件资源提出了较高的要求,这些要求包括:

(1)有足够大的内存以存放操作系统、空间数据库管理系统的核心模块、应用程序和缓冲数据。

（2）有足够大的磁盘等直接存储设备存放数据，有足够的存储设备做数据备份。

（3）要求系统有较高的通道能力，以提高数据传送率。

硬件配置通常包括四个部分：一是计算机主机，主要进行运算和数据存取；二是输入设备，包括键盘、鼠标、数字化仪、扫描仪、测量仪器等；三是存储设备，包括硬盘、磁盘阵列和光盘等；四是输出设备，包括显示器、绘图仪、打印机等。

（二）空间数据库软件

概括起来，在空间数据系统中用到的软件包括以下四个层次。

1. 空间数据库管理系统

有了计算机硬件和空间数据，就应该研究如何利用计算机科学的组织和存储数据，如何高效的获取和管理这些数据。空间数据库管理系统（geodatabase management system，GD-BMS）正是完成这个任务的计算机软件系统，利用它可以实现空间数据库的建立、使用和维护。

2. 操作系统

支持空间数据库管理系统的操作系统，如 Windows、Unix、Linux 等。

3. 编译系统

与数据库接口的高级语言及其编译系统，便于开发应用程序，如 Visual C ++ 、Visual Basic、Java 等。

4. 应用开发工具

以数据库管理系统为核心的应用开发工具。应用开发工具是系统为应用开发人员和最终用户提供的高效率、多功能的应用生成器、各种软件工具，如图形显示和绘图软件、报表生成软件等。它们为空间数据库的开发和应用提供了有力的支持。

（三）空间数据库管理与技术人员

开发、管理和使用空间数据库系统的人员主要是空间数据库管理员、系统分析员、应用程序员和最终用户。

1. 空间数据库管理员

空间数据库是国家重要的数据资源，因此设立了专门的数据资源管理机构管理数据库。空间数据库管理员则是这个机构的一组人员，总体来说，他们负责全面地管理和控制空间数据库系统。具体的职责包括：

（1）决定数据库中的信息内容和结构。空间数据库中要存放哪些信息，是由空间数据库管理员决定的。因此，空间数据库管理员必须参与空间数据库设计的全过程，并与用户、应用程序员、系统分析员密切合作共同协商，做好数据库设计。

（2）决定数据库的存储结构和存储策略。空间数据库管理员要综合各类用户的应用要求，和数据库设计人员共同决定数据的存储结构和存取策略，以获得较高的存取效率和存储空间利用率。

（3）定义数据的安全性要求和完整性约束条件。保护数据库的安全性和完整性是空间数据库管理员的重要职责。因此，空间数据库管理员负责确定各个用户对数据库的存取权限、数据的保密级别和完整性约束条件。

（4）监控数据库的使用和运行。空间数据库管理员的一个重要职责是监视数据库系统的运行情况，及时处理运行过程中出现的问题。当系统发生各种故障时，数据库会因此遭到不同程度的破坏,空间数据库管理员必须在最短的时间内将数据库恢复到某种一致状态,并尽可能不影响或少影响计算机系统其他部分的正常运行。为此,空间数据库管理员要定义和实施适当的后援和恢复策略,如周期性的转储数据、维护日志文件等,同时还要负责在系统运行期间监视系统的空间利用率、处理效率等性能指标,对运行情况进行记录、统计分析,依靠工作实践并根据实际应用环境不断改进数据库设计。目前,不少数据库产品都提供了对数据库运行情况进行监视和分析的实用程序,空间数据库管理员可以方便地使用这些实用程序完成监视和分析工作。

(5)数据库的改进和重组。在数据库运行过程中,由于大量数据的不断插入、删除、修改会影响系统的性能,因此空间数据库管理员要定期对数据库进行重组。当用户的需求增加和改变时,空间数据库管理员还要对数据库进行较大的改造,包括修改部分设计,这属于数据库的重组。

2.空间数据库系统分析员

负责应用系统的需求分析和规范说明,他们应和用户及空间数据库管理员相结合,确定系统的硬、软件配置,并参与数据库的概要设计。

3.空间数据库应用程序员

应用程序员负责设计和编写空间数据库应用系统的程序模块。

4.空间数据库用户

这里的用户是指最终用户,他们通过应用系统的用户接口使用数据库。常用的接口方式有菜单驱动、表格操作、图形显示、报表等。

四、空间数据模型

模型是现实世界特征的模拟和抽象,作为模型的一种,数据模型(data model)就是现实世界数据特征的抽象。数据库就是利用数据模型这个工具来抽象、表示和处理现实世界的数据和信息的,换句话说,数据模型就是对现实世界的模拟。

数据模型应满足三个方面的要求:一是能比较真实地模拟现实世界;二是容易被人理解;三是便于在计算机上实现。一种数据模型要很好地满足这三方面的要求目前尚很困难。通常数据库系统针对不同的使用对象和应用目的采用不同的数据模型。空间数据因其本身的特点,在空间数据库系统中也应设计合适的数据模型,以对空间数据进行组织、存储与管理。

(一)数据模型

数据是描述事物的符号记录。模型是现实世界的抽象。数据模型是数据特征的抽象,是数据库系统中用以提供信息表示和操作手段的形式构架。数据模型所描述的内容包括三个部分:数据结构、数据操作、数据约束。

1.数据结构

数据模型中的数据结构主要描述数据的类型、内容、性质以及数据间的联系等。数据结构是数据模型的基础,数据操作和数据约束都建立在数据结构上。不同的数据结构具有不同的操作和约束。

2.数据操作

数据模型中的数据操作主要描述在相应的数据结构上的操作类型和操作方式。

3. 数据约束

数据模型中的数据约束主要描述数据结构内数据间的语法、词义联系、它们之间的制约和依存关系,以及数据动态变化的规则,以保证数据的正确、有效和相容。

(二)数据模型的层次

按不同的应用层次,数据模型分为概念数据模型、逻辑数据模型和物理数据模型。

1. 概念数据模型

概念数据模型简称概念模型,是面向数据库用户的现实世界的模型,主要用来描述现实世界的概念化结构,它使数据库的设计人员在设计的初始阶段,摆脱计算机系统 DBMS 的具体技术问题,集中精力分析数据以及数据之间的联系等。概念数据模型必须换成逻辑数据模型,才能在 DBMS 中实现。

概念模型用于信息世界的建模,一方面应该具有较强的语义表达能力,能够方便直接表达应用中的各种语义知识;另一方面应该简单、清晰,易于被用户理解。

概念数据模型中最常用的是 E - R 模型、扩充的 E - R 模型、面向对象模型及谓词模型。

2. 逻辑数据模型

逻辑数据模型简称逻辑模型,是用户从数据库所看到的模型,是具体的 DBMS 所支持的数据模型,如网状数据模型、层次数据模型等。此模型既要面向用户,又要面向系统,主要用于 DBMS 的实现。

3. 物理数据模型

物理数据模型简称物理模型,是面向计算机物理表示的模型,描述了数据在储存介质上的组织结构,它不但与具体的 DBMS 有关,而且与操作系统和硬件有关。每一种逻辑数据模型在实现时都有其对应的物理数据模型。DBMS 为了保证其独立性与可移植性,大部分物理数据模型的实现工作由系统自动完成,而设计者只设计索引、聚集等特殊结构。

五、基本数据模型

(一)层次模型

层次模型是数据处理中发展较早、技术上也比较成熟的一种数据模型。它的特点是将数据组织成有向有序的树结构。层次模型由处于不同层次的各个节点组成。除根节点外,其余各节点有且仅有一个上一层节点作为其"双亲",而位于其下的较低一层的若干个节点作为其"子女"。图 2-7(a)所示为地面 M,图 2-7(b)为地图 M 的层次模型结构示意图。结构中节点代表数据记录,连线描述位于不同节点数据间的从属关系(限定为一对多的关系)。

层次模型反映了现实世界中实体间的层次关系,层次结构是众多空间对象的自然表达形式,并在一定程度上支持数据的重构。但其应用时存在以下问题:

(1)由于层次结构的严格限制,对任何对象的查询必须始于其所在层次结构的根,使得低层次对象的处理效率较低,并难以进行反向查询。数据的更新涉及许多指针,插入和删除操作也比较复杂。母节点的删除意味着其下属所有子节点均被删除,必须慎用删除操作。

(2)层次命令具有过程式性质,它要求用户了解数据的物理结构,并在数据操纵命令中显式地给出存取途径。

(3)模拟多对多联系时导致物理存储上的冗余。

（4）数据独立性较差。

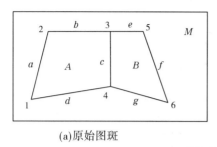

(a)原始图斑   (b)层次模型的树结构

图 2-7　层次模型

（二）网络模型

网络模型是数据模型的另一种重要结构，它反映着现实世界中实体间更为复杂的联系，其基本特征是，节点数据间没有明确的从属关系，一个节点可与其他多个节点建立联系。如图 2-8 所示是四个城市的交通联系，不仅是双向的而且是多对多的。

网络模型用连接指令或指针来确定数据间的显式连接关系，是具有多对多类型的数据组织方式，网络模型将数据组织成有向图结构。结构中节点代表数据记录，连线描述不同节点数据间的关系。

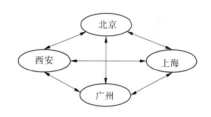

图 2-8　网络模型

网络模型的优点是可以描述现实生活中极为常见的多对多的关系，其数据存储效率高于层次模型，但其结构的复杂性限制了它在空间数据库中的应用。

网络模型在一定程度上支持数据的重构，具有一定的数据独立性和共享特性，并且运行效率较高。但它应用时存在以下问题：①网状结构的复杂，增加了用户查询和定位的困难。它要求用户熟悉数据的逻辑结构，知道自身所处的位置。②网状数据操作命令具有过程性质。③不直接支持对于层次结构的表达。

（三）关系模型

在层次模型与网络模型中，实体间的联系主要是通过指针来实现的，即把有联系的实体用指针连接起来。而关系模型则采用完全不同的方法。

关系模型是根据数学概念建立的，它把数据的逻辑结构归结为满足一定条件的二维表形式。实体本身的信息以及实体之间的联系均表现为二维表，这种表就称为关系。一个实体由若干个关系组成，而关系表的集合就构成为关系模型。

关系模型不是人为地设置指针，而是由数据本身自然地建立它们之间的联系，并且用关系代数和关系运算来操纵数据，这就是关系模型的本质。

在生活中表示实体间联系的最自然的途径就是二维表格。表格是同类实体的各种属性的集合，在数学上把这种二维表格叫作关系。二维表的表头，即表格的格式是关系内容的框架，这种框架叫作模式。关系由许多同类的实体组成，每个实体对应于表中的一行，叫作一个元组。表中的每一列表示同一属性，叫作域。

对于图 2-7(a)中的数据，用关系数据模型表示如图 2-9 所示。

关系数据模型是应用最广泛的一种数据模型，它具有以下优点：

原始数据

M	A	B

多边形

A	a	b	c	d
B	c	e	f	g

线

A	a	1	2
A	b	2	3
A	c	3	4
A	d	4	1
B	e	3	5
B	f	5	6
B	g	6	4

图 2-9　关系数据模型示意图

(1)能够以简单、灵活的方式表达现实世界中各种实体及其相互间关系,使用与维护也很方便。关系模型通过规范化的关系为用户提供一种简单的用户逻辑结构。所谓规范化,实质上就是使概念单一化,一个关系只描述一个概念,如果多于一个概念,就要将其分开来。

(2)关系模型具有严密的数学基础和操作代数基础,如关系代数、关系演算等,可将关系分开,或将两个关系合并,使数据的操作具有高度的灵活性。

(3)在关系数据模型中,数据间的关系具有对称性,因此关系之间的寻找在正反两个方向上难度是一样的,而在其他模型如层次模型中从根节点出发寻找叶子的过程容易解决,相反的过程则很困难。

目前,绝大多数数据库系统采用关系模型。但它的应用也存在着如下问题:

(1)实现效率不够高。由于概念模式和存储模式的相互独立性,按照给定的关系模式重新构造数据的操作相当费时。另外,实现关系之间联系需要执行系统开销较大的链接操作。

(2)描述对象语义的能力较弱。现实世界中包含的数据种类和数量繁多,许多对象本身具有复杂的结构和含义,为了用规范化的关系描述这些对象,则须对对象进行不自然的分解,从而在存储模式、查询途径及其操作等方面均显得语义不甚合理。

(3)不直接支持层次结构,因此不直接支持对于概括、分类和聚合的模拟,即不适合于管理复杂对象,它不允许嵌套元组和嵌套关系存在。

(4)模型的可扩充性较差。新关系模式的定义与原有的关系模式相互独立,并未借助于已有的模式支持系统的扩充。关系模型只支持元组的集合这一种数据结构,并要求元组的属性值为不可再分的简单数据,它不支持抽象数据类型,因而不具备管理多种类型数据对象的能力。

(5)模拟和操纵复杂对象的能力较弱。关系模型表示复杂关系时比其他数据模型困难,因为它无法用递归和嵌套的方式来描述复杂关系的层次和网状结构,只能借助于关系的规范化分解来实现。过多的、不自然分解必然导致模拟和操纵的困难和复杂化。

六、面向对象空间数据模型

面向对象空间数据模型应用面向对象方法描述地理实体及其相互关系,特别适合采用对象模型抽象和建模的地理实体的表达。它将研究的整个地理实体看成一个空域,地理现象和地理实体作为独立的对象分布在该空域中。按照其空间特征分为点、线、面、体四种基本对象,对象也可能由其他对象构成复杂对象,并且与其他分离的对象保持特定的关系,如点、线、面、体之间的拓扑关系。每个对象对应着一组相关的属性以区分各个不同的对象。

对象模型强调地理空间中的单个地理现象。任何现象不论大小,只要能从概念上与其相邻的其他现象分离开来,都可以被确定为一个对象。对象模型把地理现象当作空间要素或地理实体。一个空间要素必须同时符合三个条件:①可被标识;②在观察中的重要程度;③有明确的特征且可被描述。实体可按空间、时间和非空间属性以及与其他要素在空间、时间和语义上的关系来描述。

面向对象空间模型的核心是对象和类。对象是指地理空间的实体或现象,是系统的基本单位。每个对象都有一个唯一的标识号作为标志。类是具有部分系统属性和方法的一组对象的几何,是这些对象的统一抽象描述,其内部也包括属性和方法两个主要部分。类是对象的共性抽象,对象则是类的实例。

面向对象空间模型方法将对象的属性和方法进行封装,还具有分类、概括、聚集、联合等对象抽象技术,以及继承和传播等强有力的抽象工具。

(1)分类。把具有部分相同属性和方法的实体对象进行归类抽象的过程。

(2)概括。把具有部分相同属性和方法的类进一步抽象为超类的过程,如将供水管线、供热管线等概括为"管线"这一超类,它具有各类管线所共有的"材质""管径"等属性,也有"检修"等操作。

(3)联合。把一组属于同一类中的若干具有部分相同属性的对象组合起来,形成一个新的几何对象的过程。集合对象中的个体对象称作它的成员对象,表示为"is member of"的关系。联合不同于概括,概括是对类的进一步抽象得到超类,而联合是对类中的具体对象进行合并得到新的对象。

(4)聚集。聚集是把一组属于不同类中的若干对象组合起来,形成一个更高级别的复合对象的过程。复合对象中的个体对象称作它的组件对象,表示为"is part of"的关系。

(5)继承。继承是一种服务于概括的语义工具。在上述概括的概念中,子类的某些属性和操作来源于它的超类。继承有单一继承和多方继承。单一继承是指子类仅有一个直接的父类,而多方继承允许多于一个直接父类。多方继承的现实意义是子类的属性和操作可以是多个父类的属性和操作的综合。

(6)传播。传播是作用于联合和聚集的语义工具,它通过一种强制性的手段将子对象的属性信息传播给复杂对象。也就是说,复杂对象的某些属性值不单独描述,而是从它的子对象中提取或派生。这一概念可以保证数据库的一致性,因为独立的属性值仅存储一次,不会因空间投影和几何变换而破坏它的一致性。

七、三维空间数据模型

地理空间在本质上就是三维的。在过去的几十年里,二维制图和 GIS 的迅猛发展和广泛应用使得不同领域的人们大都无意识地接受了将三维现实世界的地理空间简化为二维投影的概念数据模型。应用的深入和实践的需要渐渐暴露出二维 GIS 简化世界和空间的缺憾,现在 GIS 的研究人员和开发者们不得不重新思考地理空间的三维本质特征及在三维空

间概念数据模型下的一系列处理方法。若从三维 GIS 的角度出发考虑,地理空间应有如下不同于二维空间的三维特征:

(1)集合坐标上增加了第三维信息,即垂向坐标信息。

(2)垂向坐标信息的增加导致空间拓扑关系的复杂化,其中突出的一点是无论是零维、一维、二维还是三维对象,在垂向上都具有复杂的空间拓扑关系;如果二维拓扑关系是在平面上呈圆状发散伸展,那么三维拓扑关系则是在三维空间中呈球状向无穷维方向伸展。

(3)三维地理空间中的三维对象具有丰富的内部信息(如属性分布、结构形式等)。

目前,随着计算机技术的飞速发展和计算机图形学理论的日趋完善,空间数据库作为一门新兴的边缘科学目前也日趋成熟,许多商品化的 GIS 软件空间数据库功能日趋完善。但是,绝大多数的商品化 GIS 软件包还只是在二维平面的基础上模拟并处理现实世界上所遇到的现象和问题,而一旦涉及处理三维问题,往往感到力不从心,GIS 处理的与地球有关的数据,即通常所说的空间数据,从本质上说是三维连续分布的。三维 GIS 的要求与二维 GIS 相似,但是数据采集、系统维护和界面设计等方面比二维 GIS 要复杂得多。

■ 项目小结

空间数据库是存取、管理空间信息的场所。建立数据库不仅仅是为了保存数据、扩展人的记忆,而主要是为了帮助人们去管理和控制与这些数据相关联的事物。空间数据库的主要任务是研究空间物体的计算机数据表示方法、数据模型以及计算机内的数据存储结构,如何以最小的代价高效地存储和处理空间数据,正确维护空间数据的现实性、一致性和完整性,为用户提供现实性好、准确性高、开放和易用的空间数据。本项目介绍了空间数据的类型、空间数据库的概念、矢量数据、栅格数据的组织方式、空间数据模型的种类等内容。

■ 复习与思考题

1. 什么是空间数据? 空间数据有哪些特征?

2. 什么是面向对象数据模型?

3. 空间数据库的概念及其组成部分有哪些?

4. 什么是矢量数据? 它的数据组织方式有哪几种?

5. 什么是栅格数据? 它的数据组织方式有哪几种?

6. 矢量数据和栅格数据相比较,有哪些优点和缺点?

项目三　空间数据库设计

项目概述

空间数据库的设计,其实质是将地理空间实体以一定的组织形式在数据库系统中加以表达的过程,也就是 GIS 中的空间实体建立数据模型的过程。空间数据库一般分为需求分析、概念结构设计、逻辑结构设计、物理结构设计、实施、运行与维护等 6 个阶段。其中,需求分析、概念结构设计、逻辑结构设计、物理结构设计为空间数据库的设计阶段。本项目主要讲述空间数据库的设计过程、空间数据库设计方式,以及各阶段的设计。

学习目标

知识目标

掌握空间数据库的设计流程;掌握数据库设计的含义和要求;掌握空间数据库概念结构设计与逻辑结构设计的内容和方法;了解空间数据库物理结构设计的过程。

技能目标

能利用空间数据库的设计步骤和方法,进行简单的空间数据库的概念结构设计和逻辑结构设计。

单元一　空间数据库设计概述

空间数据库设计,主要是指根据具体的空间数据库应用的环境及目的,构造(设计)优化的空间数据库逻辑模式和物理结构,并以此建立空间数据库及其应用系统,使之能够有效地存储和管理空间数据,满足各种用户的应用需求。其核心是将地理实体抽象成计算机能够处理的数据模型。但是人们理解地理实体的方式跟计算机处理数据方式相去甚远,直接将地理实体描绘成计算机能够识别的数据模型比较困难。

一、空间数据库设计步骤

一般来说,空间数据库设计主要经过概念结构设计、逻辑结构设计、物理结构设计三个部分,然后将地理实体转换为计算机能够识别的模型。实际的空间数据库需要以用户需求为基础,再包含数据库的应用,所以完整的数据库设计阶段主要分为需求分析、概念结构设计、逻辑结构设计、物理结构设计、数据库实施、运行与维护 6 个阶段,如图 3-1 所示。在整

个数据库设计中,前两个阶段是面向用户的应用要求,面向具体的问题;中间两个阶段是面向数据库管理系统;最后两个阶段是面向具体的实现方法。前四个阶段可统称为"分析和设计阶段",后两个阶段称为"实现和运行阶段"。

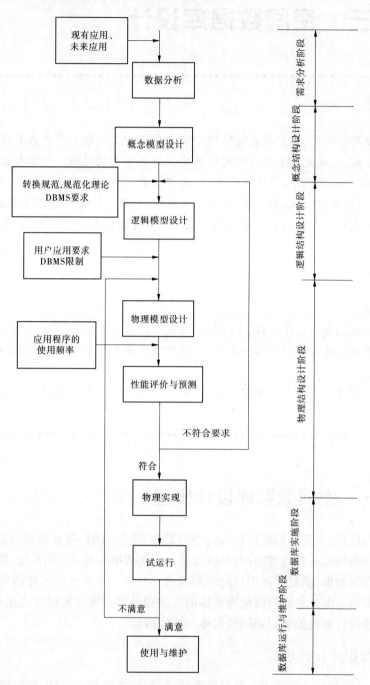

图 3-1　数据库设计步骤

(一)需求分析

需求分析是整个数据库设计过程的基础,要收集数据库所有用户的信息内容和处理要求,并加以规格化和分析。这是最费时、最复杂的一步,但也是最重要的一步,相当于待构建的数据库大厦的地基,它决定了以后各部分设计的速度与质量。需求分析做得不好,可能会导致整个数据库设计返工重做。在分析用户需求时,要确保用户目标的一致性。

(二)概念结构设计

概念结构设计是整个设计部分的最重要部分。主要以需求分析为基础,将用户的需求进行分析、归纳、总结、抽象,转换成不依赖于具体数据库的通用的信息结构模型。它能把用户的信息要求统一到一个整体逻辑结构中,此结构能够表达用户的要求,是一个独立于任何DBMS软件和硬件的概念模型。

(三)逻辑结构设计

逻辑结构设计是将在概念结构设计中所得到的概念模型转换为某个DBMS所支持的数据模型,并用数据描述语言表达出来。在这一阶段中,所建立的逻辑模型必须要匹配具体的数据库。

(四)物理结构设计

物理结构设计是为逻辑数据模型建立一个完整的能实现的数据库结构,包括存储结构和存取方法。上述分析和设计阶段是很重要的,如果做出不恰当的分析或设计,则会导致一个不恰当或反应迟钝的应用系统。

(五)数据库实施

根据物理结构设计的结果把原始数据装入数据库,建立一个具体的数据库并编写和调试相应的应用程序。应用程序的开发目标是开发一个可依赖的、有效的数据库存取程序,来满足用户的处理要求。

(六)运行与维护

这一阶段主要是收集和记录实际系统运行的数据,数据库运行的记录用来提高用户要求的有效信息,用来评价数据库系统的性能,进一步调整和修改数据库。在运行中,必须保持数据库的完整性,并能有效地处理数据库故障和进行数据库恢复。在运行和维护阶段,可能要对数据库结构进行修改或扩充。

二、空间数据库设计要求

(1)满足用户需求。数据库的设计应该以用户的需求为主,尽可能准确地定义用户的要求。

(2)良好的数据库性能:数据独立性及良好的数据冗余,确保空间数据库系统的可靠、安全、完整。数据库的性能主要体现在数据的存取效率。比较少的数据冗余,有助于数据库的存取效率;数据库的可靠、完全以及完整保证了当数据库出现故障时,可以快速地恢复到可用状态;数据库的安全性防止数据被有意或无意地泄露,这是空间数据的最基本保障。

(3)准确地模拟现实世界,充分表达数据间的内在联系。人们建立空间数据库,是想利用空间数据反映现实地理实体及其间的联系,所以空间数据库系统必须有能描述现实地理实体及其联系的复杂数据逻辑结构。要根据具体情况选择合适的逻辑结构。比如,道路与行政区之间属于多对多的联系,不太适合用树形结构来表示,但是面状地物、组成面的线状地物、线上的点状地物就可以用树形结构来表示。

单元二　需求分析

　　需求分析,需要用户在调查的基础上,通过分析,逐步明确用户对系统的需求。需求分析的主要任务是熟悉系统业务,明确用户需求。终点是调查与分析用户在整个信息管理过程中对数据的要求、处理的要求以及安全性与完整性等要求。需求分析一般通过数据流程图和数据字典来完成。

一、需求分析步骤

　　需求分析往往不是一蹴而就的,它应当贯穿整个数据库开发周期,是一个不断地分析—确认的过程。在整个数据库设计与实现过程中,需求分析阶段不可能解决所有的需求问题,因此在设计、开发、测试,直到最终交付成果,整个过程都应当不停地与用户进行交流,及时获得反馈。只有这样才能及时纠正数据库需求理解的偏差,保证数据库项目的成功。

　　需求分析的参与者主要有系统设计人员与用户,设计人员希望通过需求分析,抓准用户的需求;而用户则希望项目实施后,能够达到自己的目的。一般来说,主要需求分析具体可按以下几步进行。

(一)用户需求的收集

　　用户的需求收集,可以按以下流程进行:

　　(1)初识:我们对用户提出的需求进行深入理解以后,运用我们的专业知识,提出比用户的原始需求更加合理、可操作的解决方案,让用户感觉到你说的正是他们想要的。

　　(2)拜访:需求调研不是一蹴而就的事情,是一件持续数月甚至数年的工作(项目还有后期维护)。在这漫长的过程中,我们需要依靠用户的帮助,一步一步掌握真实可靠的业务需求。而且,技术总有不如意甚至是暂时实现不了的地方,那么我们就需要用户的理解与包容。

　　(3)研讨会:由于从业人员自身的局限性,不可能对所有业务领域的细节全面掌握,往往总是有自己熟悉的部分,也有自己不熟悉的部分。划分业务组,可以让从业人员分别在自己最熟悉的业务范围内参与讨论,可以有效提高业务讨论的质量。研讨会模式主要分为集中式的业务研讨形式和分散式的业务研讨形式。

(二)用户需求的分析

　　在需求分析过程中,用户存在的最大问题就是提不出正确的需求,主要表现为以下几种形式:

　　(1)由于对数据库不了解,用户提不出需求,不知道软件最终会做成什么样子。这类用户在需求讨论过程中,往往只能描述目前自己手工管理的方式是怎样的,而且不知道计算机会怎样管理。

　　(2)能提出一些业务需求,但当数据库软件做出来摆在自己面前时,需求就变了。这类客户提出的业务需求从整体上应当是八九不离十的。但是,由于没有实物,在数据库中的一些具体操作并没有完全想清楚。

　　(3)能非常详细地提出业务需求,甚至有时候该怎么做都提了出来。这类用户参与过很多数据库的建设,甚至有些还是数据库开发的半专业人士。但是,他们提出的需求过于具体,甚至怎么样实现都说出来了,但有时候这些并不是最佳设计方案或者可能在技术上难以实现,甚至有些就是过于理想化而不可实现的。

做需求分析,不能仅仅停留在数据库本身,应当扩展到跟这个业务有关的那些领域知识中。在用户提出的所有原始需求中,那些与业务实现有关的需求都是一些无效的需求,它们仅仅只能作为我们的一个参考。还有一些是技术难以实现或者根本无法实现的需求,我们应当耐心地说服和引导用户,并给他提出一个更加合理的方案。需求分析并不是一种简单的你说我记的收集活动,而是在大量业务分析与技术可行性分析基础上的一种分析活动。只有建立在这种分析基础上的数据库研发,才能保证需求的正确与变更的可控。

(三)撰写需求说明书

在需求分析阶段,我们在一段时期内需要与用户进行反复地讨论。这个过程往往是这样一个反复循环的过程:需求捕获→需求整理→需求验证→再需求捕获……

(1)需求捕获:就是我们与用户在一起开研讨会,讨论需求的活动,用户可能会描述他们的业务流程,这时需要我们在纸上绘制简单的流程草图,将用户业务流程及时地记录下来;用户在描述业务的同时,可能会反复提到一些业务名词,我们需要详细询问这些名词的含义,以及它们与其他名词的关系,用类图或者对象图绘制简单的草图;用户在描述业务的同时,还会提出今后的数据库软件希望实现的功能,如能够展示某部分地图、能够导出地图的属性文件,我们以需求列表的形式记录下来。一个功能,在需求列表中会有多个需求,而每个需求应当能够在20个字以内就可以描述清楚 。需求列表是用户提出来的最原始的需求。

(2)需求整理:就是在需求研讨会后,需求分析人员对研讨内容的分析及整理的过程。首先,需求分析人员应当通过用例模型,划分整个系统的功能模块,以及各个模块的业务流程。用例模型分析是一个由粗到细的过程,这个过程也是符合人类认识世界的思维习惯的一个过程。首先,我们应当对整个系统绘制用例图,设计用例场景,并依次对这些用例进行用例描述、流程分析、角色分析等分析过程。当然,在整体用例分析的同时,我们还应当进行整体的角色分析,绘制角色分析图,进行流程分析,绘制流程分析图(可以是传统的流程图、UML中的行动图,甚至一个简单的示意图等),再在整体用例图的基础上,依次对每个用例绘制用例图。每个用例图中,会更细致地划分出多个用例,并依次进行用例描述、流程分析、角色分析等分析工作。如此这般地不断细化,直到我们认为需求已经描述清楚。

最终的需求说明书应该包括:系统概况,系统的目标、范围、背景、历史和现状;系统的原理和技术;系统总体结构与子系统结构说明;系统功能说明;数据处理概要、工程体制和设计阶段划分;系统方案及技术、经济、功能和操作上的可行性等内容。同时,在空间数据库中,还应该增加以下两点:

(1)数据源的选择:对于一个比较成熟的GIS系统,GIS数据源是其中最重要的部分,数据源的多少和好坏与GIS系统的密切相关。空间数据库的数据来源有地图、遥感影像数据、实测数据、文字报告或地图中的各类符号说明、地形数据、元数据等。

(2)数据源质量的评价:GIS数据来源多种多样,数据精度大小不一,质量不同,主要需用从两个方面进行评价:空间特征与属性特征。

二、需求分析方法

空间数据库需求分析采用了多种方法和手段,主要采用数据流图和数据字典加以描述,下面将对数据流图与数据字典进行简单介绍。

(一)数据流图

数据流图是软件工程中专门描绘信息在系统中流动和处理过程的图形化工具。因为数据流图是逻辑系统的图形表示,即使不是专业的计算机技术人员也容易理解,所以是极好的交流工具。表 3-1 给出了数据流图中所使用的符号及其说明。

表 3-1　数据流图中所使用的符号及其说明

符号	说明
▭ 或 ▱	数据的深点/终点
▭ 或 ⬭	变换数据的处理
———	数据存储
———▶	数据流

数据流图是有层次之分的,越高层次的数据流图表现的业务逻辑越抽象,越低层次的数据流图表现的业务逻辑则越具体。它是最高层次抽象的系统概貌,若要反映更详细的内容,可将处理功能分解为若干子功能,每个子功能还可继续分解,直到把系统工作过程表示清楚。在处理功能逐步分解的同时,它们所用的数据也逐级分解,形成若干层次的数据流图。

假设需要建立一个旅游平台,方便大家自驾游时对景点进行路线规划,查找去某个旅游景点的最优路线。在需求分析阶段,我们做了一个简单的数据流图,如图 3-2 所示。

(二)数据字典

数据字典是指对数据的数据项、数据结构、数据流、数据存储、处理逻辑、外部实体等进行定义和描述,其目的是对数据流程图中的各个元素做出详细的说明。数据字典贯穿于数据库需求分析直到数据库运行的全过程,在不同的阶段其内容和用途各有区别。

在需求分析阶段,它通常包含以下五部分内容:

(1)数据项。数据项是数据的最小单位,其具体内容包括数据顶名、含义说明、别名、类型、长度、取值范围、与其他数据项的关系。其中,取值范围、与其他数据项的关系这两项内容定义了完整性约束条件,是设计数据检验功能的依据。

(2)数据结构。数据结构是数据项有意义的集合。内容包括数据结构名、含义说明,这些内容组成数据项名。

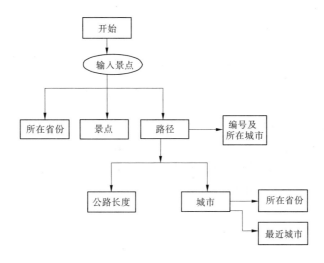

图 3-2 数据流图

（3）数据流。数据流可以是数据项，也可以是数据结构，它表示某一处理过程中数据在系统内传输的路径。内容包括数据流名、说明、流出过程、流入过程，这些内容组成数据项或数据结构。其中，流出过程说明该数据流由什么过程而来；流入过程说明该数据流到什么过程。

（4）数据存储。处理过程中数据的存放场所，也是数据流的来源和去向之一。

（5）处理过程。处理过程的处理逻辑通常用判定表或判定树来描述，数据字典只用来描述处理过程的说明性信息。

最终形成的数据流图和数据字典为需求分析说明书的主要内容，这是下一步进行概念结构设计的基础。

单元三 概念结构设计

将需求分析得到的用户需求，抽象为信息结构（概念模型）的过程就是概念结构设计过程。概念结构设计是整个数据库设计的关键，它通过对用户需求进行综合、归纳与抽象，形成了一个独立于具体 DBMS 的概念模型。它往往需要通过对用户要求描述的地理现实世界进行分类、聚集和概括，建立抽象的概念数据模型。所建立的模型应避开数据库在计算机上的具体实现的细节，用一种抽象的形式表示出来。

各种空间数据库软件都是需要以某种数据模型为基础来开发建设的，因此需要把地理现实中的具体事物抽象、组织为各种 DBMS 相对应的数据模型，这是两个世界间的转换，即需要从现实世界到机器世界。但是这种转换在实际操作起来不能够直接执行，还需要一个中间过程，这个中间过程就是信息世界（见图 3-3）。通常人们首先将现实世界中的客观对象抽象为某种信息结构，这种信息结构可以不依赖于具体的计算机系统，也不与具体的 DBMS 相关，因为它不是具体的数据模型，而是概念级模型，即概念数据模型一般简称为概念模型；然后把概念模型转换到计算机上具体的 DBMS 支持的数据模型，这就是组织层数据模型，一般简称为数据模型。

这两种转换过程其实就是数据库设计中的两个设计阶段，从现实世界抽象到信息世界

图 3-3　信息世界

是概念结构设计阶段,这就是本节要介绍的内容。从信息世界抽象到机器世界是数据库的逻辑结构设计,其任务就是把概念结构设计阶段设计好的概念模型,转换为与选用的数据库管理系统所支持的数据模型相符合的逻辑结构,也就是数据库的逻辑结构设计过程。数据库的逻辑结构设计将在下一节中进行介绍。

一、概念模型

概念模型是数据库系统中关于数据及其联系的逻辑形式的表示,以抽象的形式描述系统的运行过程与信息流程。在进行数据库设计时,概念结构设计是非常重要的一步,通常对概念模型有以下要求:

(1)能真实、充分地反映现实世界中事物和事物之间的联系,能表达用户的各种需求,包括描述现实世界中各种对象及其联系、用户对数据对象的处理要求的手段等。

(2)简单易懂,能够为非计算机专业的人员所接受。

(3)容易向数据模型转换。易于从概念模式导入与数据库管理系统有关的逻辑模式。

(4)易于修改。当应用的环境或者是应用要求发生改变时,容易对概念模型修改和补充。

空间数据库,主要以描述空间位置与含点、线、面拓扑结构特征的位置数据及描述这些特征的性能的属性数据为对象的数据库。其中,位置数据为空间数据,用来反映空间物体的空间位置、状态及空间物体间的关系;属性数据为非空数据,用以表示物体的本质特征,以区别地理实体。空间地理数据的概念模型是用户理解的地理现象的结构。空间地理数据的概念模型大多是根据对地理空间某些测绘认识或对地理信息的离散化方法建立的。比如,DEM 模型、TIN 模型,是基于域的图斑模型和等值线模型;基于对象的网络模型,基于几何表示的栅格模型、矢量模型。但是目前还没有统一的认识,没有比较标准的数据模型。因此,一个空间数据库可能包括多种数据模型。比如,现在的商用 GIS 系统一般都是矢量栅格一体化的数据。

(一)基本概念

在概念模型中涉及的主要概念有:

(1)实体(entity)。客观存在并可相互区别的事物称为实体。实体可以是具体的地理实物,例如一条公路、一个行政村等;也可以是抽象的概念或联系,例如一个行政区划、一类土地利用等。

(2)属性(attribute)。每个实体都有自己的一组特征或性质,这种用来描述实体的特征或性质称为实体的属性。例如,公路实体具有名称、等级、长度、经过城市等属性。不同实体的属性是不同的。实体属性的某一组特定的取值(称为属性值)确定了一个特定的实体。例如,公路名称是京珠线,等级是国道,长度是 2 285 km,经过了北京、广州、珠海等城市,这些属性值综合起来就确定了"京港澳高速公路"这条道路。属性的可能取值范围称为属性域,也称为属性的值域。例如,名称的域为字符串集合,等级的域为(国道、省道、县道、乡道、专用公路),长度是 10 位单精度,经过城市的域为字符串的集合。实体的属性值是数据库中存储的主要数据。

根据属性的取值可将属性分为单值属性和多值属性。同一个实体只能取一个值的属性称为单值属性。多数属性都是单值属性。例如,同一条公路只能具有一个名称,所以公路的名称属性是一个单值属性。同一实体可以取多个值的属性称为多值属性。例如,公路经过的城市是一个多值属性,因为有的公路经过一个城市,有的公路经过多个城市。

(3)码(key)。唯一标识实体的属性集称为码。例如,名称是公路实体的码。码也称为关键字或简称为键。

(4)实体型(entity type)。具有相同属性的实体必然具有共同的特征和性质。用实体名及其属性名集合来抽象和刻画同类实体,称为实体型。例如,公路(名称、等级、长度、经过城市)就是一个实体型。

(5)实体集(entity set)。性质相同的同类实体的集合,称为实体集。例如,全体公路就是一个实体集。

由于实体、实体型、实体集的区分在转换成数据模型时才考虑,因此在本项目后面的叙述中,在不引起混淆的情况下,将三者统称为实体。

(二)实体间的联系

现实世界中,地理事物内部以及事物之间不是孤立的,是有联系的,这些联系反映在信息世界中表现为实体内部的联系和实体之间的联系。我们这里主要讨论实体之间的联系。例如"医院属于某乡(镇)"是实体"医院"和"乡(镇)"之间的联系,"某个路段组成了某条道路,该路段有几个公交站点"是"路段""道路"和"公交站点"等三个实体之间有联系。

1. 联系的度

联系的度是指参与联系的实体类型数目。一度联系称为单向联系,也称为递归联系,指一个实体集内部实体之间的联系[见图 3-4(a)]。二度联系称为两向联系,即两个不同实体集实体之间的联系[见图 3-4(b)]。三度联系称为三向联系,即三个不同实体集实体之间的联系[见图 3-4(c)]。虽然也存在三度以上的联系,但较少见,在现实信息需求中,两向联系是最常见的联系,下面讲的联系如无特殊情况都是指这种联系。

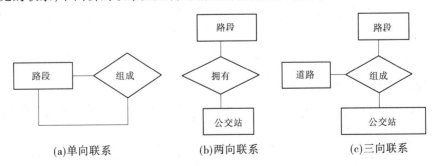

(a)单向联系　　　(b)两向联系　　　(c)三向联系

图 3-4　联系的度的示例

2. 联系的连通词

联系的连通词(connectivity),指的是联系涉及的实体集之间实体对应的方式。例如,一个实体集中的某一个实体与另外一个实体集中的一个还是多个实体有联系。两向联系的连通词有三种:一对一、一对多、多对多。

(1)一对一联系。如果实体集 A 中的每一个实体在实体集 B 中至多有一个实体与之联系,反之亦然,则称实体集 A 与实体集 B 具有一对一联系,记为 1:1。例如,省会与实体省之间的联系就是一对一的关系。一个省有一个省会,而一个省会也只能属于一个省,因此这个联系是一个"一对一"的联系[见图 3-5(a)]。

(2)一对多联系。如果实体集 A 中的每一个实体在实体集 B 中有 $n(n \geq 0)$ 个实体与之联系,而实体集 B 中的每一个实体在实体集 A 中至多有一个实体与之联系,则称实体集 A 与实体集 B 具有一对多联系,记为 $1:n$。例如,一个省有多个医院,而一个医院只能隶属于某一个特定的省,则省与医院之间建立起的这种"包含"联系就是一个"一对多"的联系[见图 3-5(b)]。

(3)多对多联系。如果实体集 A 中的每一个实体在实体集 B 中有 $n(n \geq 0)$ 个实体与之联系,而实体集 B 中的每一个实体在实体集 A 中有 $m(m \geq 0)$ 个实体与之联系,则称实体集 A 与实体集 B 具有多对多联系,记为 $m:n$。例如,一条公路可以通过多个省,同时,一个省也可以包含多条公路,因此公路和省之间的这种"通过"联系就是"多对多"的联系[见图 3-5(c)]。

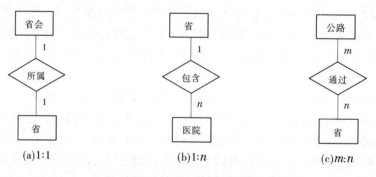

图 3-5　联系的示例

二、概念结构设计的方法与步骤

(一)概念结构设计的方法

概念数据库设计的方法主要有两种:一种是集中式设计方法,另一种是视图综合设计方法。

(1)集中式设计方法。首先合并在需求分析阶段得到的各种应用的需求;其次在此基础上设计一个概念数据库模式,满足所有应用的要求。一般数据库设计都具有多种应用,在这种情况下,需求合并是一项相当复杂和耗费时间的任务。集中式设计方法要求所有概念数据库设计工作都必须由具有较高水平的数据库设计者完成。

(2)视图综合设计方法。由一个视图设计阶段和一个视图合并阶段组成,不要求应用需求的合并。在视图设计阶段,设计者根据每个应用的需求,独立地为每个用户和应用设计一个概念数据库模式,这里每个应用的概念数据库模式都称为视图。视图设计阶段完成后,进入到视图合并阶段,在此阶段设计者把所有视图有机地合并成一个统一的概念数据库模式,这个最终的概念数据库模式支持所有的应用。

　　这两种方法的不同之处在于应用需求合成的阶段与方式的不同。在集中式设计方法中,需求合成由数据库设计者在概念模式设计之前人工地完成,也就是在分析应用需求的同时进行需求合成,数据库设计者必须处理各种应用需求之间的差异和矛盾,这是一项艰巨任务,而且容易出错。由于这种困难性,视图综合设计方法已经成为目前的重要概念结构设计方法。在视图综合设计方法中,用户或应用程序员可以根据自己的需求设计自己的局部视图。然后,数据库设计者把这些视图合成为一个全局概念数据库模式。而且当应用很多时,视图合成可以借助于辅助设计工具和设计方法。

　　概念结构设计的核心是确定空间数据库中数据库的组成,描述数据类型之间的关系,建立概念数据模型以及形成书面文档。

(二)概念结构设计的步骤

　　概念结构设计一般可以按照以下步骤进行设计:

　　(1)初始化。这个阶段的主要任务是确定数据库的应用领域,以及从目的和范围描述开始,明确目标、确定边界、收集资料、指定规范与约束,并确定用户需求。

　　(2)确定对象。用户需求的不同,确定了该空间数据库中需要不同的对象,但是数据库中数据的输入也应该有严格的限定,因此需要以一个客观的标准来决定数据库中需要哪些对象。

　　(3)定义对象及属性描述。根据数据库中的对象,需要对其进行定义并描述其属性。具体包括制定其名称、下定义、描述属性。以河流为例:

　　①对象类型:线性。

　　②定义:河流是指沿着地表或地下长条状槽形洼地经常或间歇有水流动的水流。

　　③属性:河流宽度、长度、流向等。

　　(4)几何表示。确定对象的几何表示类型,使用哪些基本几何要素,一般来说,主要有以下两种:矢量表示(点、线、面),栅格表示。在实践中,一般是两者选其一,有时也会两者共存。

　　(5)关系。定义对象之间的关系,主要包括拓扑关系:某个建筑物在某个行政区之内;某条道路通过了两个区;两个国家相邻,等等。拓扑关系有些可以通过几何数据求得,有些只能以属性数据记录。

　　(6)编码。编制对象的编码列表,并设计联系方位和属性的标识符。

三、使用 E - R 模型进行概念结构设计

　　数据库概念结构设计的核心内容是概念模型的表示方法。概念模型的表示方法有很多,其中最常用的是由 Peter Chen 于 1976 年在题为"实体联系模型:将来的数据视图"论文中提出的实体 - 联系模型,简称 E - R 模型。该方法用 E - R 图来表示概念模型。由于 E - R模型经过多次扩展和修改,出现了许多变种,其表达的方法没有统一的标准。但是,绝大多数 E - R 模型的基本构件相同,只是表示的具体方法有所差别。本书中的符号采用较

为常用和流行的表示方法。

概念模型设计方法有实体－联系模型方法（E－R 模型）、IDEF1X 方法（把实体－联系方法应用到语义数据模型中的一种语义模型化方法）、ODL（主要运用于面向对象数据库中）等。其中，E－R 模型是概念模型设计中运用的最广泛的一种方法，当然 E－R 模型也有很多不足之处。

（一）E－R 模型的基本元素

E－R 模型的基本元素包括实体、联系和属性。

（1）实体：在 E－R 图中用矩形表示，并将对实体的命名写于矩形中。比如，在某个道路数据库中，我们定义了城镇、道路两个实体。

（2）联系：用来标识实体之间的关系，在 E－R 图中用菱形表示，联系的名称置于菱形内。如上述所示，当我们定义了城镇和道路两个实体之后，我们可能有这样的疑问：经过某条道路，能不能到达某个城镇，即该城镇是否在这条道路上。实体类型之间的这种相互关系称为联系类型。

（3）属性：在 E－R 图中用椭圆表示（对于多值属性用双椭圆表示），并将对属性的命名写于其中。实体类型与联系类型都有其属性，比如城镇实体类型有名称、编号、人口数、中心等属性；道路实体有道路中心线、道路名称、类型、起点、终点等属性；表示两者之间相互关系的联系属性有长度、空间关系等属性。

实体、联系、属性是 E－R 模型的基本成分。基于这三个部分，可以组成简单的 E－R 模型，假设上述例子中只包含道路、城镇两个实体，该 E－R 模型如图 3-6 所示。

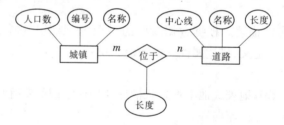

图 3-6　E－R 模型

实体间的联系可以有多种方式：一对一、一对多、多对多等三种情况。例如，上述城镇和道路就是多对多的情况，因为一个城镇可能有多条道路，一条道路也可能通过好几个城镇。再比如，城镇和医院就是一对多的模式，因为一个城镇可能有多个医院，但是一个医院肯定只能属于一个城镇。在 E－R 图中，这几类联系直接在联系线的两端用数字或字母来表示即可。如图 3-6 中城镇与道路是一对多的联系，即在联系线的两端用 m、n 来表示联系的数量关系。需要说明的是，除实体具有若干个属性外，有的联系也具有属性。

在 E－R 图中，除上述三种基本的图形外，还有将属性与相应的实体或联系连接起来以及将有关实体连接起来的无向边。另外，在连接两个实体之间的无向边旁还要标注上联系的类型（1:1,1:n 或 m:n）。例如，图 3-6 为表示城镇和道路之间联系的 E－R 图。

（二）用 E－R 模型方法进行数据库概念结构设计

利用 E－R 模型对数据库进行概念结构设计，可以分成三步进行：第一步设计局部 E－R 模型，即逐一设计局部 E－R 图，第二步把各局部 E－R 模型综合成一个全局 E－R 模型，第三步对全局 E－R 模型进行优化，得到最终的 E－R 模型，即概念模型。

1. 设计局部 E - R 模型

局部概念模型设计可以以用户完成为主,也可以以数据库设计者完成为主。如果是以用户为主,则局部结构的范围划分就可以依据用户进行自然划分,因为不同组织结构的用户对信息内容和处理的要求会有较大的不同,各部分用户信息需求的反映就是局部概念 E - R 模型。如果以数据库设计者为主,则可以按照数据库提供的服务来划分局部结构的范围,每一类应用可以对应一类局部 E - R 模型。

确定了局部结构范围之后要定义实体和联系。实体定义的任务就是从信息需求和局部范围定义出发,确定每一个实体类型的属性和码,确定用于刻画实体之间的联系。局部实体的码必须唯一地确定其他属性,局部实体之间的联系要准确地描述局部应用领域中各对象之间的关系。

实体与联系确定下来后,局部结构中的其他语义信息大部分可用属性描述。确定属性时要遵循两条原则:第一,属性必须是不可分的,不能包含其他属性;第二,虽然实体间可以有联系,但是属性与其他实体不能具有联系。

2. 集成全局 E - R 模型

全局概念结构不仅要支持所有局部 E - R 模型,而且必须合理地表示一个完整、一致的数据库概念结构。经过了局部 E - R 模型的设计,虽然所有局部 E - R 模型都已设计好,但是因为局部概念模式是由不同的设计者独立设计的,而且不同的局部概念模式的应用也不同,所以局部 E - R 模型之间可能存在很多冲突和重复,主要有属性冲突、结构冲突、命名冲突和约束冲突。集成全局 E - R 模型首先就是要修改局部 E - R 模型,解决这些冲突。

(1)属性冲突。包括属性域冲突和属性取值单位冲突。属性域冲突主要指属性值的类型、取值范围或取值集合不同。例如,公交站点有的定义为字符型,有的定义为整型。属性取值单位冲突主要指相同属性的度量单位不一致。例如,道路长度有的用公里为单位,有的用千米为单位。

(2)命名冲突。主要指属性名、实体名、联系名之间的冲突。主要有两类:同名异义,即不同意义的对象具有相同的名字;异名同义,即同一意义的对象具有不同的名字。

解决以上两种冲突比较容易,只要通过讨论,协商一致即可。

(3)结构冲突。包括两种情况:一种是指同一对象在不同应用中具有不同的抽象,即不同的概念表示结构。如在一个概念模式中被表示为实体,而在另一个模式中被表示为属性。比如土地级别,在土地概念模式中被表示为属性,但是在土地实用类型数据库概念结构设计中被表示为实体。解决这种冲突的方法通常是把属性变换为实体或把实体转换为属性,如何转换要具体问题具体分析。另一种结构冲突是指同一实体在不同的局部 E - R 图中所包含的属性个数和属性的排列次序不完全相同。解决这种冲突的方法是让该实体的属性为各局部 E - R 图中的属性的并集。

(4)约束冲突。主要指实体之间的联系在不同的局部 E - R 图中呈现不同的类型。如在某一应用中被定义为多对多联系,而在另一应用中则被定义为一对多联系。

完成全局 E - R 模型修改后,接着确定公共实体类型。在集成为全局 E - R 模型之前,首先要确定各局部结构中的公共实体类型。特别是当系统较大时,可能有很多局部模型,这些局部 E - R 模型是由不同的设计人员确定的,因而对同一现实世界的对象可能给予不同的描述。在一个局部 E - R 模式中作为实体类型,在另外一个局部 E - R 模型中就可能被作为联系类型或属性。即使都表示成实体类型,实体类型名和码也可能不同。

在选择时,首先寻找同名实体类型,将其作为公共实体类型的一类候选,其次需要相同键的实体类型,将其作为公共实体类型的另一类候选。

集成全局 E–R 模型的最后一步是合并局部 E–R 模型。合并局部 E–R 模型有多种方法,常用的是二元阶梯合成法,该方法首先进行两两合并,先合并那些现实世界中联系较为紧密的局部结构,并且合并从公共实体类型开始,最后加入独立的局部结构。

3.优化全局 E–R 模型

优化全局 E–R 模型有助于提高数据库系统的效率,可从以下几个方面考虑进行优化:

第一,合并相关实体,尽可能减少实体个数。

第二,消除冗余。在合并后的 E–R 模型中,可能存在冗余属性与冗余联系。这些冗余属性与冗余联系容易破坏数据库的完整性,增加存储空间,增加数据库的维护代价,除特殊需要外,一般要尽量消除。

需要说明的是,并不是所有的冗余属性与冗余联系都必须加以消除,有时为了提高效率,就要以冗余信息作为代价。因此,在设计数据库概念结构时,哪些冗余信息必须消除,哪些冗余信息允许存在,需要根据用户的整体需求来确定。

(三)人口分布空间数据库概念结构设计

项目要求:现要对某市的人口分布进行数据库设计,根据人口分布数据库对行政区及人口的数据要求,进行 E–R 模型的构建与设计,人口分布 E–R 图如图3-7所示。

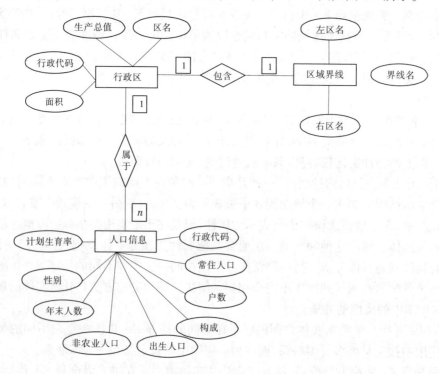

图3-7　人口分布 E–R 图

单元四　逻辑结构设计

逻辑结构设计阶段的主要工作是将地理现实世界的概念数据模型设计成数据库的一种逻辑模式,即适应于某种特定数据库管理系统所支持的逻辑数据模式。与此同时,可能还须为各种数据处理应用领域产生相应的逻辑子模式。这一步设计的结果就是所谓的"逻辑数据库"。

逻辑结构是独立于任何一种数据模型的,在实际应用中,一般所用的数据库环境已经给定(如 SQL Server 或 Oracle 或 MySql)。由于目前使用的数据库基本上都是关系数据库,因此首先需要将 E－R 图转换为关系模型,然后根据具体 DBMS 的特点和限制转换为特定的 DBMS 支持下的数据模型,最后进行优化。

一、逻辑模型的种类

概念模型经过转换成为逻辑模型(也称为结构数据模型、组织层数据模型,常简称为数据模型)。它直接面向数据库的逻辑结构,直接与 DBMS 有关。

数据库领域常用的数据模型有层次模型、网状模型、关系模型和面向对象模型,其中应用最广泛的是关系模型。

(一)层次模型

层次模型是数据处理中发展较早、技术上也比较成熟的一种数据模型。它的特点是将数据组织成有向有序的树结构。层次模型由处于不同层次的各个结点组成。结构中结点代表数据记录,连线描述位于不同结点数据间的从属关系(限定为一对多的关系)。对于图 3-8 所示的地理原图 I 用层次模型表示为如图 3-9 所示的层次结构。

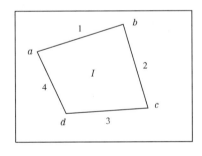

图 3-8　地理原图

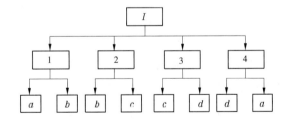

图 3-9　层次结构

(二)网状模型

网状模型是用网状结构表示实体及其之间联系的模型。网状模型和层次模型在本质上是一样的,它们都是基本层次联系的集合。网状模型结点之间的联系不受层次的限制,可以任意发生联系,所以它的结构是结点的连通图。

网络模型在一定程度上支持数据的重构,具有一定的数据独立性和共享特性,并且运行效率较高。

(三)关系模型

关系模型是根据数学概念建立的,它把数据的逻辑结构归结为满足一定条件的二维表

形式。此处,实体本身的信息以及实体之间的联系均表现为二维表,这种表就称为关系。一个实体由若干个关系组成,而关系表的集合就构成为关系模型。

在生活中表示实体间联系的最自然的途径就是二维表格。表格是同类实体的各种属性的集合,在数学上把这种二维表格叫作关系。二维表的表头,即表格的格式是关系内容的框架,这种框架叫作模式,关系由许多同类的实体组成,每个实体对应于表中的一行,叫作一个元组。表中的每一列表示同一属性,叫作域。

对于图 3-8 所示的地图,用关系模型则表示为图 3-10。

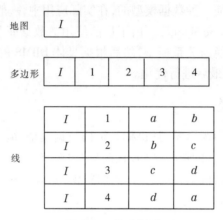

图 3-10　关系模型

目前,绝大多数数据库系统采用关系模型。

(四)面向对象模型

面向对象方法起源于面向对象的编程语言(简称 OOPL)。20 世纪 60 年代中后期,Simula–67 语言的设计者首次提出了"对象"(Object)的概念,并开始使用数据封装(data encapsulation)技术(对外部只提供一个抽象接口而隐藏具体实现细节)。

关系数据模型和关系数据库管理系统基本上适应于 GIS 中属性数据的表达与管理。但如果采用面向对象数据模型,语义将更加丰富,层次关系也更明了。与此同时,它又能吸收关系数据模型和关系数据库的优点,或者说它在包含关系数据库管理系统的功能基础上,在某些方面加以扩展,增加面向对象模型的封装、继承、信息传播等功能。

二、逻辑结构设计的方法与步骤

逻辑结构设计应该选择最适于描述与表达相应概念结构的数据模型,然后适应于选择的数据库系统。设计逻辑结构时一般要分三步进行:

(1)将概念结构的数据模型转换为一般的关系模型、网状模型、层次模型或面向对象模型。这也是目前数据库领域存在的四种逻辑模型。

关系模型是目前应用最广泛的一种数据模型,目前主流商业数据库基本上都采用的是关系数据模型。面向对象模型由于语义丰富,表达方便,面向对象模型数据库作为新一代的数据库,在空间数据库领域也得到了广泛的重视和发展。经过十几年的发展,面向对象模型数据库已经有了长足的发展,但是由于缺少统一的标准,阻碍了面向对象模型数据库的发展。

（2）将转化来的关系、网状、层次、面向对象模型向特定 DBMS 支持下的数据模型转换。

以关系模型为例，关系模型的逻辑结构是一组关系模式的集合。而 E - R 图则是由实体、实体的属性和实体之间的联系三个要素组成的。所以，将 E - R 图转换为关系模型实际上就是要将实体、实体的属性和实体之间的联系转化为关系模式，这种转换一般遵循如下原则：

①一个实体型转换为一个关系模式。实体的属性就是关系的属性。实体的码就是关系的码。

②一个 $m:n$ 联系转换为一个关系模式。与该联系相连的各实体的码以及联系本身的属性均转换为关系的属性。而关系的码为各实体码的组合。

③一个 $1:n$ 联系可以转换为一个独立的关系模式，也可以与 n 端对应的关系模式合并。如果转换为一个独立的关系模式，则与该联系相连的各实体的码以及联系本身的属性均转换为关系的属性，而关系的码为 n 端实体的码。

④一个 $1:1$ 联系可以转换为一个独立的关系模式，也可以与任意一端对应的关系模式合并。如果转换为一个独立的关系模式，则与该联系相连的各实体的码以及联系本身的属性均转换为关系的属性，每个实体的码均是该关系的候选码。如果与某一端对应的关系模式合并，则需要在该关系模式的属性中加入另一个关系模式的码和联系本身的属性。

⑤三个或三个以上实体间的一个多元联系转换为一个关系模式。与该多元联系相连的各实体的码以及联系本身的属性均转换为关系的属性。而关系的码为各实体码的组合。

⑥同一实体集的实体间的联系，即自联系，也可按上述 $1:1$、$1:n$ 和 $m:n$ 三种情况分别处理。

具有相同码的关系模式可合并处理。

（3）对数据模型进行优化。

数据库逻辑结构设计的结果往往不唯一。为了进一步提高数据库应用系统的性能，通常以规范化理论为指导，还应该适当地修改、调整数据模型的结构，而且应该考虑用户的需求，这就是数据模型的优化过程。

数据模型的优化步骤为：

①确定数据依赖。

②对于各个关系模式之间的数据依赖进行极小化处理，消除冗余的联系。

③按照数据依赖的理论对关系模式逐一进行分析，确定各关系模式分别属于第几范式。

④按照需求分析阶段得到的对数据处理的要求，分析对于这样的应用环境这些模式是否合适，确定是否要对它们进行合并或分解。

⑤对关系模式进行必要的分解。

三、逻辑结构设计案例

以单元三中的人口分布 E - R 图（见图 3-7）为例，将概念模型转化为逻辑结构。

（一）把每一个实体转化为一个关系

首先分析实体属性，确定其主键，总共有三个实体，转化为三个关系。

行政区（行政代码、生产总值、区名、面积），其属性结构见表 3-2。其中区名为主键。

表 3-2　行政区属性结构

序号	字段名称	字段代码	字段类型	字段长度	小数位数
1	区名	NAME	Char	16	
2	行政代码	ID	Int	5	
3	生产总值	GDP	Float	10	3
4	面积	ARER	Float	10	3

区域界线（左区名、右区名、界线名），其属性结构见表 3-3。其中，界线名为主键。

表 3-3　区域界线属性结构

序号	字段名称	字段代码	字段类型	字段长度	小数位数
1	界限名	NAME	Char	16	
2	左区名	ZQM	Char	16	
3	右区名	YQM	Char	16	

人口信息（行政代码、常住人口、户数、构成、出生人口、非农业人口、年末人数、性别比、计划生育率），其属性结构见表 3-4。其中，行政代码为主键。

表 3-4　人口信息属性结构

序号	字段名称	字段代码	字段类型	字段长度	小数位数
1	行政代码	ID	Int	5	
2	常住人口	CZRK	Float	16	3
3	户数	NUM	Float	16	3
4	构成	GC	Float	8	5
5	出生人口	CSRK	Float	16	3
6	非农业人口	FNY	Float	16	3
7	年末人数	NMRS	Float	16	3
8	性别比	XBB	Float	8	5
9	计划生育率	JHSY	Float	5	3

（二）把每一个联系转化为关系

包含（行政区、区域界限）。

属于（行政区、人口信息）。

单元五　物理结构设计

物理结构设计就是根据特定数据库管理系统所提供的多种存储结构、存取方法等依赖于具体计算机结构的各项物理结构设计措施,对具体的应用任务选定最合适的物理存储结构(包括文件类型、索引结构和数据的存放次序与位逻辑等)、存取方法和存取路径等。物理结构设计的结果也就是所谓的物理数据库。

物理结构设计一般分为两个部分:物理数据库结构的选择和对所选物理结构进行评价。数据库最终是要存储在物理设备上的。为给定的逻辑数据模型选取一个最适合应用环境的物理结构(存储结构与存取方法)的过程,就是数据库的物理结构设计。物理结构依赖于给定的 DBMS 和硬件系统,因此设计人员必须充分了解所用 DBMS 的内部特征,特别是存储结构和存取方法;充分了解应用环境,特别是应用的处理频率和响应时间要求,以及充分了解外存设备的特性。对所设计的物理结构进行评价时,评价的重点是系统的时间效率和空间效率。如果评价结果满足原设计要求,则可以进入到物理实施阶段,否则,需要重新设计或修改物理结构,有时甚至要返回到逻辑结构设计阶段修改数据模型。

一、确定数据库的物理结构

确定数据库的物理结构之前,设计人员必须详细了解给定的 DBMS 的功能和特点,特别是该 DBMS 所提供的物理环境和功能;熟悉应用环境,了解所设计的应用系统中各部分的重要程度、处理频率、对响应时间的要求,并把它们作为物理结构设计过程中平衡时间和空间效率的依据;了解外存设备的特性,如分块原则、块因子大小的规定、设备的 I/O 特性等。

在对上述问题进行全面了解之后,就可以进行物理结构的设计了。物理结构设计的内容,一般来说,包括以下几个方面。

(一)存储记录结构的设计

在物理结构中,数据的基本存取单位是存储记录。有了逻辑记录结构以后,就可以设计存储记录结构,一个存储记录可以和一个或多个逻辑记录相对应。存储记录结构包括记录的组成、数据项的类型和长度,以及逻辑记录到存储记录的映射。

决定数据的存储结构时需要考虑存取时间、存储空间和维护代价之间的平衡。

(二)存取方法的设计

存取方法是快速存取数据库中数据的技术。DBMS 一般提供多种存取方法,这里主要介绍聚簇和索引两种方法。

1. 聚簇

聚簇是为了提高查询速度,把在一个(或一组)属性上具有相同值的元组集中地存放在一个物理块中。如果存放不下,可以存放在相邻的物理块中。这个(或这组)属性称为聚簇码。使用聚簇后,聚簇码相同的元组集中在一起,因而聚簇值不必在每个元组中重复存储,只要在一组中存储一次即可,因此可以节省存储空间。另外,聚簇功能可以大大提高按聚簇码进行查询的效率。

2. 索引

根据应用要求确定对关系的哪些属性列建立索引、哪些属性列建立组合索引、哪些索引要设计为唯一索引等。经常在主关键字上建立唯一索引,这样不但可以提高查询速度,还能避免关系中主键的重复录入,确保了数据的完整性。建立索引的一般原则如下:如果某个(或某些)属性经常作为查询条件,则考虑在这个(或这些)属性上建立索引;如果某个(或某些)属性经常作为表的连接条件,则考虑在这个(或这些)属性上建立索引;如果某个属性经常作为分组的依据列,则考虑在这个属性上建立索引;为经常进行连接操作的表建立索引。

建立多个索引文件可以缩短存取时间、提高查询性能,但会增加存放索引文件所占用的存储空间,增加建立索引与维护索引的开销。此外,索引还会降低数据修改性能。因为在修改数据时,系统要同时对索引进行维护,使索引与数据保持一致,因此在决定是否建立索引以及建立多少个索引时,要权衡数据库的操作,如果查询操作多,并且对查询的性能要求比较高,则可以考虑多建一些索引。如果数据修改操作多,并且对修改的效率要求比较高,则应该考虑少建一些索引。因此,应该根据实际需要综合考虑。

(三)数据存储位置的设计

为了提高系统性能,应该根据应用情况将数据的易变部分、稳定部分、经常存取部分和存取频率较低部分分开存放。对于有多个磁盘的计算机,可以采用以下存放位置的分配方案:

(1)将表和索引分别存放在不同的磁盘上,在查询时,由于两个磁盘驱动器并行工作,可以提高物理读写的速度。

(2)将比较大的表分别放在两个磁盘上,以加快存取速度,在多用户环境下效果更佳。

(3)将备份文件、日志文件与数据库对象(表、索引等)备份等放在不同的磁盘上。

(四)系统配置的设计

DBMS 产品一般都提供系统配置变量、存储分配参数,供设计人员和 DBMS 对数据库进行物理优化。系统为这些变量设定了初始值,但这些值未必适合各种应用环境,在物理结构设计阶段,要根据实际情况重新对这些变量赋值,以满足新的要求。

系统配置变量和参数包括同时使用数据库的用户数、同时打开的数据库对象数、内存分配参数、缓冲区分配参数、存储分配参数、数据库的大小、时间片的大小、锁的数目等,这些参数值影响存取时间和存储空间的分配,在物理结构设计时要根据应用环境确定这些参数值,以改进系统性能。

二、评价物理结构

由于在物理结构设计过程中需考虑的因素很多,包括时间和空间效率、维护代价和用户的要求等,对这些因素进行权衡后,可能会产生多种物理结构设计方案。这一阶段须对各种可能的设计方案进行评价,并从多个方案中选出较优的物理结构。如果该结构不符合用户需求,则需要修改设计。如果评价结果满足设计要求,则可进行数据库实施。实际上,往往需要经过反复测试才能优化物理结构设计。

评价物理结构设计完全依赖于具体的 DBMS,评价的重点是系统的时间效率和空间效率,具体可分为如下几类:

(1)查询和响应时间。响应时间是从查询开始到开始显示查询结果所经历的时间。一个好的应用程序设计可以减少 CPU 时间和 I/O 时间。

(2)更新事务的开销。主要是修改索引、重写物理块或文件以及写校验等方面的开销。

（3）生成报告的开销。主要包括索引、重组、排序和显示结果的开销。

（4）主存储空间的开销。包括程序和数据所占用的空间。对数据库设计者来说，可以对缓冲区作适当的控制，包括控制缓冲区个数和大小。

（5）辅助存储空间的开销。辅助存储空间分为数据块和索引块两种，设计者可以控制索引块的大小、索引块的充满度等。

项目小结

空间数据库设计是一个异常复杂的过程，在这个过程中需要将现实世界中的事物最终转换为机器世界所存储和管理，所以要求数据库设计师必须对实际应用对象和数据库技术这两方面都有充分的了解。而在数据库设计的不同阶段需要使用不同的方法，确定如何定义数据，如何确定模型。而地理空间数据库管理系统数据量多、结构复杂，数据库设计人员要根据自身环境和问题自己去选择最合适的设计技术。

复习与思考题

1. GIS 数据库设计的内容是什么？设计的目标是什么？

2. 什么是关系数据模型？

3. GIS 数据库建立需要哪几个步骤？

4. 实体之间的联系有哪几种？并为每一种联系举一个例子。

5. 简述用 E–R 图进行数据库概念结构设计的步骤。

6. 物理结构设计主要分为哪两个部分？

项目四　空间数据库建立

项目概述

　　本项目按照空间数据库建立的实际工作进程,首先介绍了空间数据库建立流程,然后介绍在数据库建立过程中所需要的空间数据的获取和处理,最后介绍了空间数据的入库与维护。

学习目标

知识目标

　　掌握空间数据库建设流程;掌握空间数据的获取方法;掌握空间数据的处理方法;掌握空间数据的入库方法。

技能目标

　　能够完成数据入库前的图形数据获取与处理工作;能够完成各类数据入库工作。

单元一　空间数据库建立流程

一、空间数据库建设方法

　　由于空间数据库在建库时数据来源不同,其建库方法要根据数据源的条件和建库区域不同而灵活选用。在空间数据库建设过程中,应遵循以下基本原则:

　　(1)对于无图区域,采用基于解析测图仪的数字测图或全数字测图测制数字地形。

　　(2)对于地貌变化不大而地物变化很大的老地形图,应采用基于解析测图仪的数字测图、全数字测图或基于正射影像的地物要素采集,重新测制数字地形图的地物要素层。

　　(3)对于地貌变化小而地物变化也不大的地形图,应采用地形图扫描矢量化或地形图更新的方法。

　　(4)已有新的大比例尺地形图时应采用缩编方法。

　　根据资料现状和可能获得的数据源,生产实施过程中作业方法的选择见表4-1。

表 4-1　不同数据源数据建库作业方法

作业方法	基本资料	补充资料
地图扫描采集	地形图、薄膜黑图	1. 最新行政区及境界变更资料； 2. 现势地名资料； 3. 最新交通图册； 4. 动态 GNSS 测量成果； 5. 外业测量与调绘成果； 6. 其他相关的现势性资料； （现势性一般要求 3～5 年内）
解析测图仪测图	航摄像片、控制成果、调绘成果	
全数字摄影测图	航摄像片或数字影像、控制成果	
解析测图仪更新	航摄、控制成果、外业调绘成果、矢量数字地形图	
标准地形图更新	航摄像片或数字影像、控制成果、调绘成果、调绘数据、判绘数据、矢量数字地形图	
非常规地形图更新	航摄像片、卫片或数字影像、控制成果、调绘数据、判绘数据	
地物要素层采集	航摄像片、卫片或数字影像、控制成果、调绘数据、判绘数据、数字高程模型矢量数字地形图、等高线要素层	

二、空间数据库的建立流程

空间数据库的设计完成之后，就可以建立空间数据库。空间数据库包含的内容较多，针对不同的内容其建立流程会有一定的差异，一般要经过资料准备和预处理、数据采集、数据处理、数据库建库等阶段。本书主要依据空间数据库生产项目，介绍空间数据库建立的大致流程，如图 4-1 所示。

单元二　空间数据的获取

一、空间数据获取的准备工作

在建立空间数据库时，首先必须要制定出空间数据库地理信息要素分类与编码规范和空间数据库建立作业细则，这是进行空间数据获取的基础工作。

空间数据库建库所需的数据主要包括矢量数据、栅格数据、属性数据以及元数据等，本单元主要介绍以上几类数据的获取方法。

（一）资料收集与分析

根据空间数据库建立的需要，尽可能收集工作区范围内已取得的全部图件和资料，选用最新成果。在建立空间数据库时所用到的相关资料，主要包括地图数据、遥感影像、实测数据、文本资料、统计资料、已有系统数据等。

（1）地图数据，可以是纸质地图、电子地图、数字地图或 GIS 中地理数据库数据。地图数据的获取主要采用数字化的方法和数据格式的转换。数字化方法有手扶跟踪数字化方法和扫描数字化方法，常用的是扫描数字化方法。

（2）遥感影像，是实际项目中常见的栅格数据的重要来源。随着空间技术的发展，航空遥感和航天遥感已广泛应用于资源、环境、农业、林业、地质、气象、水文、灾害预测等专业领

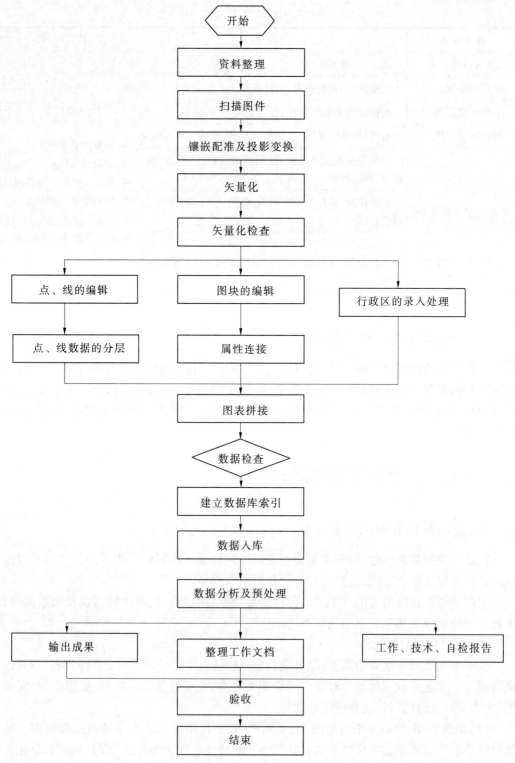

图 4-1　空间数据库的建立流程

域。在空间数据生产项目中,项目边界、保护区范围、土地利用数据等均可以来源于此数据。

(3)实测数据,如野外实地勘测、量算数据,台站的观测记录数据,遥测数据等。一些对数据精度要求较高的项目,往往通过实测数据而得到。

(4)文本资料,也是空间数据库建设中不可或缺的数据来源之一,包括项目区的地理位置、概况、气候等内容均可通过文本资料来提供。

(5)统计数据和其他数字资料,主要提供一些项目区的经济收入等社会经济数据,人口普查数据,野外调查、监测和观测数据。

(二)对建库资料的要求

数据源的质量对空间数据库的数据质量有重大影响。不论建设何种空间数据库,都需要保证建库基础资料的质量,包括数据内容、精度、现势性等各个方面。以土地利用数据库建设为例,建库资料应满足下述要求:

(1)资料内容。选择内容详尽、完整的标准分幅图,具有标准分幅图图廓点和千米网格点控制的分幅图以及图数统一的表格等原始资料。与外业调查同步建库的可以采用经过内部验收合格后的图件资料,土地资源调查结束后建库的必须采用经过正式验收合格后的图件资料。

(2)资料精度。数据精度必须满足建库要求。新建设的大比例尺土地利用数据库往往要求开展新的土地详查,以获取高精度的土地利用数据。另外,要求图纸变形小,选择图幅控制点对原始图形进行纠正后,纠正中误差应小于 0.1 mm。

(3)资料现势性。与数据库建设要求的时期一致。

(4)资料介质。图形资料优先选择变形小的聚酯薄膜介质的,纸介质的次之,也可根据情况选用正射影像图。

(5)资料形式。优先选择数字形式的资料,非数字的次之。

二、空间数据获取的一般原则

地理空间数据获取主要是矢量结构的地理空间数据获取,包括空间位置数据和属性数据的获取。

在空间数据采集时一般要遵循以下原则:

(1)内图廓线、方里网应由理论值生成。当内图廓线为多边形边线时,应采集内图廓线使多边形闭合。数字化图廓点的顺序为左下角点、右下角点、右上角点、左上角点。线状要素采集其中心线或定位线。有方向的线状要素将辅助要素放在数字化前进方向的右侧。线状要素被其他要素(如河流、公路遇桥梁等)隔断时,应保持线状要素的连续,采集时不间断。

(2)线、面状要素数字化的采点密度以线、面状要素的几何形状不失真为原则,采点密度随着曲率的增大而增加,曲线不得有明显变形和折线。线状要素中的曲线段和折线段应分开采集。曲线中的平直线段作为直线采集,不作曲线采集,但曲线与直线连接处变化应自然。如铁路、公路的直线段。

(3)点状要素采集符号的定位点。有方向的点状要素还应采集符号的方向点,其中第一点采集符号定位点,第二点采集符号方向点。

(4)面状要素采集轮廓线或范围线。所有面域多边形都必须有且仅有一个面标识点。

对于面状要素,如果其边线不具备其他线状要素的特征,在没有特殊说明的情况下,其边线属性码采用由面属性决定的边线编码,作为背景的面状要素赋要素层背景面编码。面状要素被线状要素分割时,原则上作为一个多边形采集(如居民地被铁路分割、河流被桥梁分割等),被双线河或其他面状地物分割时,应根据实际情况处理为一个或多个多边形。

(5)具有多种属性的公共边,只数字化一次(如河流与境界共线、堤与水域边线共线),其他层坐标数据用拷贝生成,并各自赋相应的属性代码或图内面域强制闭合线编码。同一层中面要素的公共边不需拷贝。

(6)凡地形图上没有边线的面状要素,其边界属性编码用图内面域强制闭合线编码(如沼泽、沙漠等)。

(7)所有图幅都要接边,包括跨带接边。当接边差小于 0.3 mm(实地 15 m)时,可只移动一方接边。原图不接边的要进行合理处理,如果两边都有要素且接边误差小于 1.5 mm,则两边各移一半强行接边,接边时要保持关系合理。如果只有一边有要素,则不接边。

在同一要素层中建立拓扑关系。要素层与要素层之间不建立拓扑关系。同一要素层中不同平面的空间实体不建立拓扑关系。需建立拓扑关系的要素包括所有面状要素、交通层中的公路、水系层中的单线河流等。

(8)当要素分类不详时,输入要素的大类码;分类明确时,输入要素的小类码。陡岸分类不详时,输入陡岸编码;分类明确时,输入石质和土质陡岸编码。

三、空间数据获取的方法

在数据库建库过程中,按获取的数据类型的不同可分为矢量数据获取、栅格数据获取、属性数据获取、元数据获取等。

(一)矢量数据获取

1. 地图扫描数字化法

地图扫描数字化是重要的地理空间数据获取方式之一,是将扫描后的栅格格式地图作为地图图像层中的图像块进行存储,输入必要的控制点信息,进行配准和图像式样调整等处理,然后在 GIS 软件中通过人工或自动跟踪矢量化、空间关系建立、属性输入等获取矢量空间数据。地图扫描数字化流程如图 4-2 所示。

2. 数字测图方法

数字测图方法主要包括全站仪、GNSS 外业测量、三维激光扫描、无人机测绘等。通过以上方法获取的数据经过简单处理后,可以在数字测图软件(如 CASS)中绘制矢量地图。后期若需要导入地理空间数据库,可以在 GIS 软件平台的支持下进行格式转换。

3. 摄影测量和遥感方法

以航摄像片和遥感影像图为基础,基于摄影测量设备和 GIS 软件平台采集矢量数据,是保证空间数据现势性和精度的有效途径。

(二)栅格数据获取

1. 遥感方法

遥感是获取栅格数据的重要途径。遥感影像地图具有直观、形象、富有立体感、易读、地物平面精度较高、相对关系明确、细部反映真实、成图周期短等优点。近年来,国家的大型空间数据库建设项目中,均以遥感影像图作为工作底图。

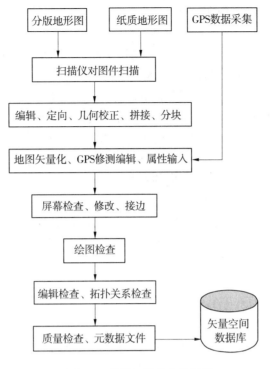

图4-2 地图扫描数字化流程

2.地图扫描

利用扫描仪等设备将纸质地图转换成数字栅格图。

3.矢量数据转换

将已有矢量数据转换成栅格数据,也是栅格数据获取的有效途径之一。

(三)属性数据获取

属性数据与几何位置无关,主要说明地理实体"是什么"。属性数据的采集通常是在图形数据采集、编辑和处理完成之后进行。常见的采集方法主要有实地调查和利用已有文本资料数据两种。

(四)元数据采集

元数据(Metadata)是关于数据的数据,用于描述数据的内容、质量、表示方式、空间参照系、管理方式、数据的所有者、数据的提供方式,以及数据集的其他特征等信息。

元数据的采集可以在整个项目完成后,在Arccatalog中使用"导出元数据"功能将整个数据库的元数据导出,格式为xml。导出后还可以对元数据进行相应的编辑和修改。

四、基础地理要素的采集方法

(一)测量控制点

各级测量控制点均应采集,并作为实体点空间实体数字化。测量控制点的名称、等级、高程、比高、理论横坐标、理论纵坐标作为属性输入。测量控制点名称在图上不注出时,注记编码为"O"。测量控制点与山峰同名时,注记编码赋值为山峰注记编码,山峰名称不单独采集。独立地物作为控制点时,分别在相应要素层中采集控制点和独立地物。作为控制点采集时,在类型中加"独立地物"说明。

(二)居民地

采集要素有街区,依比例表示突出房屋、高层房屋、独立房屋和破坏的房屋。街区中的突出房屋、高层房屋不区分性质,统一用街区符号表示。

选取的要素有小居住区、独立房屋和窑洞。多个独立房屋构成的居民地,选择其主要位置(逻辑中心)的房屋赋地名,其他独立房屋不赋地名,有名称的居民地应采集,分散且无名称的独立房屋和窑洞可适当舍去。不依比例尺表示的独立房屋、突出房屋、小居住区及窑洞按有向点数字化。半依比例尺表示的独立房屋按线空间实体数字化。成排的窑洞按线空间实体数字化,窑洞符号在数字化前进方向的右侧。

(三)陆地交通

采集要素有标准轨复线铁路和单线铁路(含电气化铁路和高速铁路)、窄轨铁路、铁路车站、建筑中的铁路、国道、省道、县(乡)公路及其他公路、建筑中的各级公路、主要街道、地铁出入口、隧道、加油站、机场、能起降飞机的公路路段。选取的要素有次要街道、大车路、乡村路、小路、山隘、桥梁、渡口。公路属性应输入编码、名称、铺面类型、技术等级、国道编号、省道编号、路面宽度和铺面宽度等。

(四)境界与政区

采集的要素有已定国界、未定国界、省(含自治区、直辖市)界、地区(含地级市、自治州、盟)界、县(含自治县、旗、自治旗、县级市)界、特别行政区界;县(含自治县、旗、自治旗、县级市)政区、特别行政区;界碑、界桩、界标。各级境界按连续的线空间实体数字化,一般应组成封闭的多边形。

(五)植被

选取的要素有植被:选取图上面积大于 $1~cm^2$ 的套色植被。植被只输入类型属性。植被用航测方法更新边界,根据航片和地形图判定属性,新增加植被属性判读不清时,输入森林属性。地类界作为植被面域的分界线数字化时,必须赋地类界属性。植被范围线与地类界相交处均应作为结点,被其他线状地物(如河流、公路、铁路等)所取代的地类界,应从相应层复制其坐标到植被层,赋图内面域强制闭合线属性。植被面域不闭合的地方,应根据地类界(或其他线状地物)的延伸方向将其闭合。

■ 单元三　空间数据的处理

一、资料预处理

根据不同类型的资料,资料预处理主要分为数字化资料预处理及影像资料预处理两大类。

(一)数字化资料预处理

对于需要进行数字化的资料,预处理工作的内容根据所选资料本身的情况而定,主要内容包括以下两个方面。

1. 数字化底图的检校

首先要全面了解数字化区域情况及作业时应注意的事项,并检查数字化底图是否符合要求。检查数字化底图与相邻图幅的接边情况、线状要素的连续性、面状要素是否闭合、地理要素之间的关系是否正确,根据现势资料校正行政村以上地名。

2. 数字化底图的图面预处理

在进行底图数字化前,需进行必要的图面预处理,如添补不完整的线,将不清晰或遗漏的图廓角点标绘清楚,以便于图幅精确配准,将模糊不清的各种线状图件进行加工,对图面上的各种注记标示清楚,以减少数字化和数据编辑处理的工作量。

(二)影像资料预处理

1. 航空像片影像的预处理

当原始影像资料为航空像片时,要进行影像扫描数字化,获取数字影像数据。在进行影像扫描数字化时,要选用经检验合格的扫描仪,必要时要对扫描仪的扫描精度和扫描影像质量等技术指标重新进行鉴定。扫描影像像元的大小应根据像片比例尺的大小确定,由影像像元大小和摄影比例尺计算出的像元地面分辨率。扫描影像的清晰度、反差、亮度以及几何精度等都应满足人工判读和量测的要求,其影像质量不得明显低于原始像片的影像质量。扫描影像数据以非压缩 TIF 格式(或其他标准格式)保存。影像定向包括内定向和后方交会。内定向的目的是确定扫描坐标系与像片坐标系的关系,同时解算像片主点的坐标。后方交会的目的是利用一定数量的地面控制点及其在像片上的相应像点坐标解算像片在曝光瞬间的空间位置和姿态参数。

在进行影像定向作业时,要求点的量测精度对应图面输出不超过 0.1 mm,要有多余量测。平差后的余差,内定向控制在一个像素内,后方交会控制在三个像素内,后方交会最好直接利用内业立体加密成果。

2. 卫星影像的预处理

当原始影像资料为卫星影像时,卫星影像定向参考航空影像作业方法进行。此外,在卫星影像的空间后方交会中,由于要求解 12 个外方位元素,故必须有 9 个以上控制点,均匀分布在四周。正射影像图定向是为了确定正射影像坐标与地面坐标之间的关系。定向时,要在影像 4 个角各选一个定向点(一般为图廓点),要求定向点误差不得大于 5 m(地面坐标)。

二、空间数据处理

空间数据在入库之前,需要对其进行一些必要的编辑和处理以达到入库要求。空间数据处理主要包括空间数据编辑、拓扑检查与编辑、坐标几何变换、图幅拼接、投影变换、图形的几何纠正及属性数据的录入。

(一)空间数据编辑

空间数据编辑是数据处理的主要环节,并贯穿于整个数据采集与处理过程,以满足数据库建库的需要。由于空间数据源本身的误差及采集过程中不可避免的错误,获得的空间数据不可避免地存在各种错误,必须对其进行必要的检查与编辑处理,主要包括空间实体是否遗漏、是否重复录入、图形定位是否错误、属性数据是否准确以及与图形数据的关联是否正确等。在数据编辑处理阶段,还应该建立和完善图形数据与属性数据之间的对应连接关系。

(二)拓扑检查与编辑

空间数据的拓扑关系,对于 GIS 数据处理和空间分析具有重要的意义。矢量化后的各图层,利用 GIS 软件提供的功能建立拓扑关系,通过拓扑检查或其他检查方式发现有问题时,要对相应的图形进行编辑和修改,修改后的图形必须重新进行拓扑,对拓扑的结果还须进行再次细致检查,这一过程可能做多次,直到数据正确。

(三)坐标几何变换

纠正地图在进行数字化时产生的整体变形,或者要把数字化仪坐标、扫描影像坐标变换到投影坐标系,或两种不同的投影坐标系之间进行变换时,需要进行相应的坐标系统变换,这个过程统称为坐标几何变换。在 GIS 中,往往要对图形进行平移、旋转、缩小、放大等操作,其实质是图形的坐标变换。下面介绍几种常见的坐标变换方法。

1. 平移

平移是将图形的一部分或者整体移动到笛卡儿坐标系中另外的位置,如图 4-3 所示,其变换公式为

$$\begin{cases} X' = X + T_x \\ Y' = Y + T_y \end{cases} \tag{4-1}$$

2. 旋转

在地图投影变换中,经常要应用旋转操作,如图 4-4 所示。实现旋转操作要用到三角函数,假定顺时针旋转角度为 θ,其公式为

$$\begin{cases} X' = X\cos\theta + Y\sin\theta \\ Y' = -X\sin\theta + Y\cos\theta \end{cases} \tag{4-2}$$

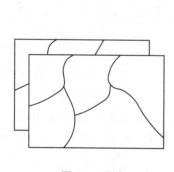

图 4-3　平移

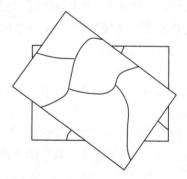

图 4-4　旋转

3. 缩放

缩放操作可用于输出大小不同的图形,如图 4-5 所示,其公式为

$$\begin{cases} X' = XS_x \\ Y' = YS_y \end{cases} \tag{4-3}$$

(四)图幅拼接

在空间数据库建设过程中,为了建立无缝图层,就需要将分幅的数字化地图进行合并汇总,以保持图面数据空间连续性。图幅拼接即是将相邻的图件成果拼接成一幅逻辑上完整的地图的过程。

在进行拼接处理时,在相邻图幅的边缘部分,常常会有边界不一致的情况,这是由于原图本身数字化误差,使得同一实体的线段或弧段的坐标数据不能相互衔接,或者由于坐标系统、编码方式等不统一,就需进行图幅数据边缘匹配处理。

由于图幅的拼接总是在相邻两图幅之间进行的,要将相邻两图幅之间的数据集中起来,

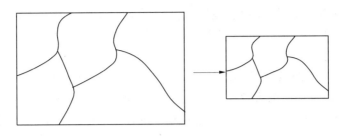

图 4-5　图形缩放

就要求相同实体间的线段或弧段的坐标数据相互衔接,也要求同一实体的属性码相同,因此必须进行图幅边缘匹配处理。主要有以下四个步骤:

(1)逻辑一致性的处理。

(2)识别和检索相邻图幅。

(3)相邻图幅边界点坐标数据的匹配。

(4)相同属性多边形公共边界的删除。

(五)投影变换

空间数据库中的数据大多来自于各种类型的地图资料,这些不同的地图资料根据成图的目的与需要的不同采用不同的地图投影,同一工作区可能利用不同比例、不同投影的图件,在拼接图层之前应先进行投影变换,使最终形成的图层均投影到一个坐标系统。另外,图幅的投影不符合规定时也须进行投影变换。通过投影变换,用共同的地理坐标系统和直角坐标系统作为参照来记录存储各种信息要素的地理位置和属性,保证同一空间数据库内的信息数据能够实现交换、配准和共享。

投影变换的方法可以采用正解变换、反解变换和数值变换。

(1)正解变换。通过建立一种投影变换为另一种投影的严密或近似的解析关系式,直接由一种投影的数字化坐标(x,y)变换到另一种投影的直角坐标(X,Y)。

(2)反解变换。由一种投影的坐标反解出地理坐标$(x,y)\rightarrow(B,L)$,然后将地理坐标代入另一种投影的坐标公式中$(B,L)\rightarrow(X,Y)$,从而实现由一种投影的坐标到另一种投影坐标的变换$(x,y)\rightarrow(X,Y)$。

(3)数值变换。根据两种投影在变换区内的若干同名数字化点,采用插值法,或有限差分法,或有限无法,或待定系数法等,从而实现由一种投影的坐标到另一种投影坐标的变换。

(六)图形的几何纠正

图形数据在进入地理数据库之前还须进行几何纠正,以纠正由纸张变形所引起的数字化数据的误差。几何纠正要以控制点的理论坐标和数字化坐标为依据来进行,最后应显示平差结果。现有的几种商业 GIS 软件一般都具有仿射变换、二次变换等几何纠正功能。仿射变换是 GIS 数据处理中使用最多的一种几何纠正方法。它的主要特性为同时考虑到 x 方向和 y 方向上的变形,因此纠正后的坐标数据在不同方向上的长度比将发生变化。

(1)由于受地形图介质及存放条件等因素的影响,地形图的实际尺寸发生变形。

(2)在扫描过程中,工作人员的操作会产生一定的误差,如扫描时地形图或遥感影像没被压紧、产生斜置或扫描参数的设置等因素都会使被扫入的地形图或遥感影像产生变形,直接影响扫描质量和精度。

（3）遥感影像本身就存在着几何变形。

（4）由于所需地图图幅的投影与原始资料的投影不同，或需将遥感影像的中心投影变换为正射投影等。

（5）由于扫描时受扫描仪幅面大小的影响，有时须将一幅地形图或遥感影像分成几块扫描，这样会使地形图或遥感影像在拼接时难以保证精度。对扫描得到的图像进行纠正，主要是建立要纠正的图像与标准的地形图或地形图的理论数值或纠正过的正射影像之间的变换关系。目前，主要的变换函数有双线性变换、平方变换、双平方变换、立方变换、四阶多项式变换等，具体采用哪一种，则要根据纠正图像的变形情况、所在区域的地理特征及所选点数来决定。

（七）属性数据的录入

通常在数据分层和拓扑处理之后录入属性数据。对于多边形空间对象，显然只有在多边形生成之后才可能录入其属性数据。键入法和光学识别技术是属性录入的两种基本方法。键入法最常用，大多数属性数据都是手工录入的。属性数据一般采用批量录入的方式，分要素类批量录入该要素的各个实体的属性信息，然后使用关键字（如图斑编号）连接图形对象与属性记录，其作业效率相对较高。例如，对于土地利用数据库，在图斑多边形生成之后，以镇、街道办事处为单位，以外业调绘记录表为依据，批量录入各个地类图斑的属性数据，然后使用关键字连接图形和属性信息。

单元四　空间数据的入库与维护

一、空间数据入库

空间数据入库主要是指将已经编辑和处理好的图形数据、属性数据、栅格数据、表格等分别存储到数据库中。本单元主要介绍 ArcGIS 平台下的空间数据入库工作。

（一）图形数据入库

在数据库建库准备阶段，已将采集到的数据编辑处理为 ArcGIS 平台下的矢量图形 Shapefile 格式，每个图层对应一个 Shapefile 文件。图形数据入库主要是将 Shapefile 格式通过要素类的形式导入到数据库中的过程。例如在土地利用总体规划数据库中，采集的等高线 dgx. Shp、基期地类图斑 jqdltb. Shp 数据文件，均可以通过 ArcCatalog 的导入单个或多个要素类的功能将其存储到数据库中。

（二）属性数据入库

由于属性数据是对图形数据中每个地理实体的详细描述，所以属性数据并不单独存储到数据库中，而是依附于图形数据存在。常见的属性数据入库方法主要有手工录入和外部表连接。手工录入方法简单，但烦琐费时；外部表连接主要是通过公共字段建立起图形数据和外部属性表之间的一一对应关系，这种方法可以实现多个实体要素属性的批量导入，高效便捷，但有时会由于公共字段编码不一致而造成属性信息有误的情况。无论采用哪种方法，在属性数据入库完成后，都应检查属性数据的完整性和一致性等。

（三）栅格数据入库

常见的栅格数据格式主要有 tif、jpeg、img 等。栅格数据入库是指将栅格数据存储到空间数据库中的过程。注意,栅格数据并不能存储在要素集中,而是直接存储在地理空间数据库目录下。另外,栅格数据入库时经常会出现导入后不能正常打开的情况出现,所以在栅格数据入库后,一定要进一步查看其能否正确显示。

(四)表格数据入库

表格数据常见的格式有 xls 等。表格数据入库主要是将表格存储到数据库中的过程。表格数据可以与图形数据等存储到同一个空间数据库中,但为了方便管理,可以将图形数据与表格数据存储到同一个数据库中的不同要素集中,或是单独新建一个数据库和要素集以用于存储表格数据。例如,在土地利用总体规划数据库中,需要存储的表格主要有土地利用现状表、土地利用规划表、基本农田调整表等数据,这些表格均需要存储到数据库中。

(五)元数据入库

元数据并不需要存储在数据库中,但是可以通过 ArcCatalog 导出。通常是在提交数据库最终成果时,建立单独的元数据文件夹用以存放 xml 格式的元数据文件。

(六)数据入库应注意的问题

数据入库时,应注意几个基本问题:

(1)存放到同一个数据库要素集中的矢量数据要保持统一的空间参考,否则不能正确入库。

(2)数据入库时应将数据进行分类存放,即不同类别的矢量数据,可以建立不同的要素数据集。如基础地理数据要素集,用于存放基础的地理数据;规划数据要素集,用于存放规划数据;其他数据要素集,用于存放一些除基础地理数据、规划数据外的其他数据。对于栅格数据、表格数据也可以进行分类存放,方便之后的查询、分析等操作。

(3)数据入库工作完成后,要对数据的完整性、一致性进行检查,查看数据图层是否出现缺失等。

二、空间数据维护

(一)空间数据库维护的内容

系统维护包括以下几个方面的工作。

1. 程序的维护

在系统维护阶段,会有一部分程序需要改动。根据运行记录,发现程序的错误时需要改正;或者随着用户对系统的熟悉,用户有更高的要求,部分程序需要改进;或者环境发生变化,部分程序需要修改。

2. 数据文件的维护

业务发生了变化,从而需要建立新文件,或者对现有文件的结构进行修改。

3. 代码的维护

随着环境的变化,旧的代码不能适应新的要求,必须进行改造,制定新的代码或修改旧的代码体系。代码维护的困难主要是新代码的贯彻,因此各个部门要有专人负责代码管理。

4. 数据库的转储和恢复

数据库的转储和恢复是系统正式运行后最重要的维护工作之一。数据库管理员针对不同的应用要求制订不同的转储计划,定期对数据库和日志文件进行备份,以保证一旦发生故障,能利用数据库备份及日志文件备份,尽快将数据库恢复到某种一致性状态,并尽可能减

少对数据库的破坏。

5. 数据库性能的监督、分析和改进

在数据库运行过程中,监督系统运行,对监测数据进行分析,找出改进系统性能的方法是数据库管理员的又一重要任务。通过仔细的分析,判断系统是否处于最佳运行状态,如果不是,则需要通过调整某些参数来进一步改善数据库性能。

6. 机器、设备的维护

包括机器、设备的日常维护与管理。一旦发生小故障,要由专人进行修理,保证系统的正常运行。做好计算机病毒的预防与清除工作,有安全组织专门负责对计算机病毒的预防和清除工作。对外来的拷贝软件及软盘一律要在专用设备上进行病毒检测,消除病毒后才能使用,还应做好数据备份。新购机器或经维修后的机器,启用前需经病毒检查,做好数据备份后方可运行。需要定期用病毒检测软件检测计算机病毒,能消除的病毒要立即清除,不能清除的新病毒要报告有关部门,给以清除。

(二)空间数据库维护的方法

空间数据库维护方法主要有空间数据库的重组织,空间数据库的重构造及空间数据库的完整性、安全性控制等。

1. 空间数据库的重组织

空间数据库的重组织指在不改变空间数据库原来的逻辑结构和物理结构的前提下,改变数据的存储位置,将数据予以重新组织和存放。因为一个空间数据库在长期的运行过程中,经常需要对数据记录进行插入、修改和删除操作,这就会降低存储效率,浪费存储空间,从而影响空间数据库系统的性能。所以,在空间数据库运行过程中,要定期地对数据库中的数据重新进行组织。DBMS 一般都提供了数据库重组的应用程序。由于空间数据库重组要占用系统资源,故重组工作不能频繁进行。

2. 空间数据库的重构造

空间数据库的重构造指局部改变空间数据库的逻辑结构和物理结构。这是因为系统的应用环境和用户需求的改变,需要对原来的系统进行修正和扩充,有必要部分地改变原来空间数据库的逻辑结构和物理结构,从而满足新的需要。数据库重构通过改写其概念模式(逻辑模式)的内模式(存储模式)进行。具体地说,对于关系型空间数据库系统,通过重新定义或修改表结构,或定义视图来完成重构;对非关系型空间数据库系统,改写后的逻辑模式和存储模式需重新编译,形成新的目标模式,原有数据要重新装入。空间数据库的重构,对延长应用系统的使用寿命非常重要,但只能对其逻辑结构和物理结构进行局部修改和扩充,如果修改和扩充的内容太多,那就要考虑开发新的应用系统。

3. 空间数据库的完整性、安全性控制

一个运行良好的空间数据库必须保证数据库的安全性和完整性。空间数据库的完整性是指数据的正确性、有效性和一致性,主要由后映像日志来完成,它是一个备份程序,当发生系统或介质故障时,利用它对数据库进行恢复。同样,由于应用环境的变化,数据库的完整性约束条件也会变化,所以需要数据库管理员不断修正,以满足用户需要。

■ 项目小结

在完成空间数据库的设计之后,就可以建立空间数据库。数据库的建立是一个费时间、费人力、成本高的工作,通常会耗费大量的精力。一般要经过资料准备和预处理、数据采集、数据处理、数据库建库等阶段。空间数据库维护的内容主要包括以下几个方面:程序、数据文件和代码的维护;数据库的转储和恢复;数据库性能的监督、分析和改进;机器、设备的维护。空间数据库主要的维护方法有重组织、重构造和系统的安全性与完整性控制等。

复习与思考题

1.简述空间数据库建立的流程。

2.空间数据获取的主要方法有哪些?

3.空间数据处理的主要内容有哪些?

4.简述空间数据库维护的内容及其类型。

5.空间数据库维护的主要方法有哪些?

项目五　基于 ArcGIS 的建库技术

项目概述

　　ArcGIS 是美国 ESRI 公司研发的代表 GIS 最高技术水平的全系列 GIS 产品。它整合了 GIS 与数据库、软件工程、人工智能、网络技术及其他多方面的计算机主流技术。本项目主要介绍 ArcGIS 的体系结构，以及 Geodatabase 数据模型的组织结构、模型特征，结合案例学习如何创建 Geodatabase 地理数据库，最后学习理解 ArcSDE 空间数据库引擎的工作机制。

学习目标

知识目标

　　掌握 ArcGIS 体系结构和 Geodatabase 数据模型的组织结构；掌握 Geodatabase 数据模型的模型特征；了解 ArcSDE 空间数据库引擎的工作机制。

技能目标

　　能够认识 ArcGIS 体系结构；能够创建小型的 Geodatabase 地理数据库。

单元一　ArcGIS 体系介绍

一、ArcGIS 的功能介绍

　　ArcGIS 是美国环境系统研究所（Environment System Research Institute，ESRI）开发的新一代 GIS 软件，是目前世界上最流行的 GIS 平台软件之一，主要用于创建和使用地图，编辑和管理地理数据，分析、共享和显示地理信息，并在一系列应用中使用地图和地理信息。通过 ArcGIS，不同用户可以使用 ArcGIS 桌面、浏览器、移动设备和 Web 应用程序接口与 GIS 系统进行交互，从而访问和使用在线 GIS 和地图服务。

（一）创建和使用地图

　　ArcGIS 地图不仅包含构建地图时用到的地理数据，还包含用来获取所需结果的分析工具。ArcMap 是 ArcGIS for Desktop 中一个主要的应用程序，具有基于地图的所有功能，包括地图制图、数据分析和编辑等。

（二）应用程序

　　ArcGIS 根据不同的应用需求，按照可伸缩性原则为使用者提供了从桌面端、服务器端、移动端直至云端的 GIS 产品，每个 GIS 产品都有不同的分工。桌面端提供信息制作和使用的工具,其创建的地图和信息可通过 ArcGIS Server 以 Web 服务的形式应用。

(三)社区

ArcGIS 提供了一个社区门户网站,网址是:http://www.arcgis.com,该网站可供用户使用和共享 GIS 地图、Web 应用程序和移动应用程序等。这是由于 ArcGIS 提供了一个基础架构,所有类型和级别的用户都能参与创建、共享地图及应用程序,用户将地理信息以文件、多用户数据库和网站的形式进行共享。

(四)服务

服务是用于管理、组织和共享地理信息的技术基础,它使所有尚未安装 GIS 软件的用户得以通过浏览器和移动设备来使用地图。

二、ArcGIS 的产品体系

ArcGIS 是一个可伸缩的地理系统平台,它的产品体系如图 5-1 所示,其应用程序由 4 个重要部分组成:桌面 GIS(ArcGIS Desktop)、服务器 GIS(ArcGIS Server)、移动 GIS(ArcGIS Mobile)和在线 GIS(ArcGIS Online)。

图 5-1　ArcGIS 的产品体系

(一)桌面 GIS

桌面 GIS 是 GIS 专业人士的主要工作平台,是在桌面系统上创建编辑和分析的 GIS 软件产品,利用它来管理复杂的 GIS 流程和应用工程,例如创建数据、地图、模型和应用。桌面 GIS 包括 ArcGIS Desktop、ArcReader、ArcGIS Engine、ArcGIS Explorer。

1. ArcGIS Desktop

1)ArcGIS Desktop 产品级别

ArcGIS Desktop 是一套可扩展的软件产品,根据用户的伸缩性需求,ArcGIS Desktop 分为三个级别产品,即 ArcView、ArcEditor 和 ArcInfo,每个产品提供不同层次的功能水平,其水平依次增强,产品可以独立购买。ArcView(基本版)主要用于综合性数据使用、制图和分析;ArcEditor(进阶版)在 ArcView 基础上增加了高级的地理数据库编辑和数据创建功能;ArcInfo(专业版)是 ArcGIS Desktop 的旗舰产品,在 ArcEditor 的基础上扩展了复杂的 GIS 分析功能和丰富的空间处理工具。

这三个产品级别的结构都是统一的,所以地图、数据、符号、地图图层、自定义的工具和接口、报表和元数据等,都可以在这三个产品中共享和交换使用。使用者不必去学习和配置几个不同的结构框架,本项目内容针对上述三种版本均适用。

2）ArcGIS Desktop 应用程序

ArcGIS Desktop 是一个集成了众多高级 GIS 应用的软件套件，它包含了一套带有用户界面的 Windows 桌面应用程序：ArcMap、ArcCatalog、ArcToolbox、ArcScene，以及 ArcGlobe。每一个应用程序都具有丰富的 GIS 工具。

A. ArcMap

ArcMap 是 ArcGIS for Desktop 中最主要也是最常用的应用程序，用于执行基于地图的GIS 任务，具有地图制图、数据分析和编辑等功能。ArcMap 通过一个或几个图层集合表达地理信息，而在地图窗口中又包含了许多地图元素，通常拥有多个图层的地图包括的元素有比例尺、指北针、地图标题、描述信息和图例，如图 5-2 所示。

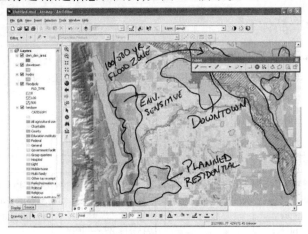

图 5-2　ArcMap 界面

ArcMap 提供两种查看数据的方式：数据视图和布局视图。在数据视图中，能对地理图层进行符号化显示、分析和编辑 GIS 数据集，数据视图是任何一个数据集在选定的一个区域内的地理显示窗口。在布局视图中，可以进行地图的页面配置，包括添加和编辑数据视图及其他地图元素，比如比例尺、图例、指北针和地理格网等。

B. ArcCatalog

ArcCatalog 是用于组织和管理所有的地理数据的目录窗口，比如地图、数据文件、Geodatabase、空间处理工具箱、元数据、服务等，如图 5-3 所示。它包括了以下几个功能：

（1）浏览和查找地理信息。

（2）创建各种数据类型的数据。

（3）记录、查看和管理元数据。

（4）定义、输入和输出 Geodatabase 数据模型。

（5）在局域网和广域网上搜索和查找的 GIS 数据。

（6）管理多种 GIS 服务管理数据互操作连接。

用户可以使用 ArcCatalog 来组织、查找和使用 GIS 数据，同时也可以利用基于标准的元数据来描述数据。GIS 数据库管理员使用 ArcCatalog 来定义和建立 Geodatabase。GIS 服务器管理员可以使用 ArcCatalog 来管理 GIS 服务器框架。自 ArcGIS 10 开始，已经将 ArcCatalog 嵌入到 ArcMap 中。

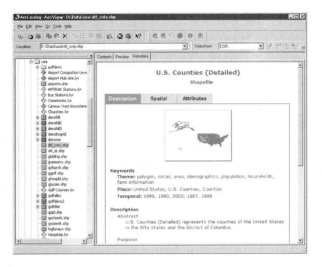

图 5-3　ArcCatalog 界面

C. ArcGlobe

ArcGlobe 是 ArcGIS 桌面系统中 3D 分析扩展模块中的一个部分,提供了全球地理信息的连续、多分辨率的交互式浏览功能,如图 5-4 所示。像 ArcMap 一样,ArcGlobe 也是使用 GIS 数据层来组织数据,显示 Geodatabase 和所有支持的 GIS 数据格式中的信息。ArcGlobe 具有地理信息的动态 3D 视图。

图 5-4　ArcGlobe

ArcGlobe 交互式地理信息视图使 GIS 用户整合并使用不同 GIS 数据的能力大大提高,而且在三维场景下可以直接进行三维数据的创建、编辑、管理和分析。ArcGlobe 创建的 Globe 文档可以使用 ArcGIS Server 将其发布为服务。通过 ArcGIS Server 球体服务向众多 3D 客户端提供服务,比如 ArcGlobe 以及 Esri 新提出的免费浏览器 ArcGIS Explorer。

ArcGlobe 的统一交互式地理信息视图使得 GIS 用户整合并使用不同 GIS 数据的能力大大提高。ArcGlobe 将成为广受欢迎的应用平台,完成编辑、空间数据分析、制图和可视化等通用 GIS 工作。

D. ArcScene

ArcScene 主要进行一些三维显示和三维场景分析的模块,是 ArcGIS 桌面系统中 3D 分

析扩展模块中的一个部分,适用于数据量比较小的场景进行可视化和3D分析显示。

在ArcScene三维场景下可以直接进行三维数据的创建、编辑、管理和分析。ArcScene可以将所有数据加载到场景中,通过提供的数据的高度信息、要素属性或三维表面,能够将要素在三维透视场景中展示、漫游,也可以用不同的方式对三维视图中的各个图层进行处理,生成各种剖面线。

3)ArcGIS Desktop 的扩展模块

ArcGIS Desktop 为三个级别的产品都提供了一系列的扩展模块,使得用户可以实现高级分析功能,例如栅格空间处理和3D分析功能。所有的扩展模块都可以在 ArcView、ArcEditor 和 ArcInfo 中使用。根据功能用途通常被划分为三类,分别是分析类、生产类、解决方案类。另外,用户也可以组件库编程开发或采用标准的编程语言开发扩展模块。这里仅介绍几个常用的扩展模块。

A. 空间分析扩展模块(ArcGIS Spatial Analyst)

ArcGIS Spatial Analyst 模块提供了众多强大的栅格建模和分析的功能,利用这些功能可以创建、查询、制图和分析基于格网的栅格数据。可从现存数据中得到新的数据及衍生信息,分析空间关系和空间特征、寻址、计算点到点旅行的综合代价等功能。同时,还可以进行栅格和矢量结合的分析。

B. 三维可视化与分析扩展模块(ArcGIS 3D Analyst)

ArcGIS 3D Analyst 模块提供了强大的、先进的三维可视化、三维分析和表面建模工具。通过 ArcGIS 3D Analyst 模块,可以进行可视性分析,也可以编辑和管理三维数据。ArcGIS 3D Analyst 扩展模块的核心是 ArcGlobe 应用程序,作为 ArcGIS Desktop 产品的扩展模块,ArcGIS 3D Analyst 在 ArcView、ArcEditor 和 ArcInfo 中都能很好地被支持。

C. 地理统计分析扩展模块(ArcGIS Geostatistical Analyst)

ArcGIS Geostatistical Analyst 是一个完整的工具包,它可以实现空间数据预处理、地统计分析、等高线分析和后期处理等功能,同样包含交互式的图形工具,地理统计分析模块使 ArcGIS 的数据管理、可视化和图形工具之间更加协调,是 GIS 应用者一个强有力的地理统计分析工具。

D. 网络分析扩展模块(ArcGIS Network Analyst)

ArcGIS 网络分析模块可以帮助用户创建和管理复杂的网络数据集合,并且生成路径解决方案。ArcGIS Network Analyst 是进行路径分析的扩展模块,为基于网络的空间分析(比如位置分析、行车时间分析和空间交互式建模等)提供了一个完全崭新的解决框架。ArcGIS Network Analyst 模块能够进行行车时间分析、点到点的路径分析、路径方向、服务区域定义、最短路径、最佳路径、邻近设施、起始点目标点矩阵等分析。

E. 扫描矢量化扩展模块(ArcGIS ArcScan Analyst)

ArcScan 为 ArcEditor 和 ArcInfo 增加了栅格编辑和扫描数字化等能力。它通常用于从扫描地图和手画地图中获得数据。它简化了 ArcGIS Workstation 的数据获取工作流程。使用 ArcScan 模块,能够实现从栅格到矢量的转换任务,包括栅格编辑、栅格捕捉、手动的栅格跟踪和批量矢量化。ArcScan 使用交互式矢量化和自动矢量化的要素模板,要素模板是 ArcGIS 10 中提供的增强编辑体验的一部分。

2. ArcReader

ArcReader 是免费的地图和全球三维可视化浏览器。ArcReader 应用程序支持基于 Intel 的微软 Windows、Sun Solaris 和 Linux 平台。ArcReader 帮助用户以多种方式部署 GIS。它提供了开放的访问 GIS 数据的方式，可以在高质量的专业地图中展现信息，ArcReader 的使用者也可以交互地使用和打印地图，浏览和分析数据，用互动的 3D 景观来浏览地理信息。

3. ArcGIS Engine

ArcGIS 10 提供了 ArcGIS Desktop 应用框架之外的嵌入式组件 ArcGIS Engine。使用 ArcGIS Engine 时，开发者可在 C++、COM、NET 和 Java 环境中使用简单的接口获取任意 GIS 功能的组合来构建专门的 GIS 应用解决方案。

开发者通过 ArcGIS Engine 构建完整的客户化应用或者在现存的应用中（例如微软的 Word 或者 Excel）嵌入 GIS 逻辑来部署定制的 GIS 应用，为多个用户分发面向 GIS 的解决方案。ArcGIS Engine 是面向开发人员的一个产品。

4. ArcGIS Explorer

ArcGIS Explorer 是一个免费的虚拟地球浏览器，提供自由、快速的 2D 和 3D 地理信息浏览，充满趣味性且简捷易用。ArcGIS Explorer 通过继承 ArcGIS Server 完整的 GIS 性能（包括空间处理和 3D 服务），达到整合丰富的 GIS 数据集和服务器空间处理应用的目的。

ArcGIS Explorer 具有和 Google Earth 相似的功能，支持来自 ArcGIS Server、GML、WMS、Google Earth（KML）的数据。

（二）服务器 GIS

ArcGIS 10 包括三种服务端产品：ArcSDE、ArcIMS 和 ArcGIS Server。

ArcSDE 是管理地理信息的高级空间数据服务器。ArcIMS 则是一个可伸缩的，通过开放的 Internet 协议进行 GIS 地图、数据和元数据发布的地图服务器。ArcGIS Server 是应用服务器，用于构建中式的企业 GIS 应用，基于 SOAP 的 Web serveices 和 Web 应用，包括在企业和 Web 构架上建设服务端 GIS 应用的共性 GIS 软件对象库。

（三）移动 GIS

ArcGIS10 提供了实现简单 GIS 操作的 ArcPad 和实现高级 GIS 复杂操作的 Mobile Arc-GIS Desktop System。ArcPad 是 ArcGIS 为实现简单的移动 GIS 和野外计算提供解决方案；ArcGIS Desktop 和 ArcGIS Engine 集中组建的 Mobile ArcGIS Desktop Systems，一般在高端平板电脑上执行 GIS 分析决策的野外工作任务。

（四）在线 GIS

ArcGIS Online 是全球唯一的"云架构"GIS 平台，集中了所有 ArcGIS 的在线资源。它的主要资源有四个：

（1）ArcGIS Online 地图服务：各种类型的底图、专题图。

（2）ArcGIS Online 任务服务：网络上发布的 Geoprocessing（GP）服务。

（3）ArcGIS 网络地图：支持 Flex、JavaScript、MicroSoft Silverlight 的开发环境。

（4）地图社区：用户的协同工作平台。

这些资源通过 ArcGIS.com 获得，它是实现用户协同工作的网络门户，是 Online 资源对外的展示窗口。

单元二　Geodatabase 数据模型

目前，主流的 GIS 软件都支持在标准的数据库管理系统中存储和管理地理信息，不同的软件具体方式有所不同。ArcGIS 使用 Geodatabase 来描述地理数据库的概念和操作。Geodatabase 与空间数据库只是提法的不同，在本质上没有很大的区别，为表述方便，本单元皆用 Geodatabase 描述空间地理数据库。

一、Geodatabase 介绍

Geodatabase 是 ESRI 公司在先前数据模型的基础上进化而来的全新的空间数据模型，它是建立在 RDBMS（关系型数据库管理系统）上统一的、智能化的空间数据模型。"统一"是指，Geodatabase 是在一个统一的模型框架下对地理空间要素信息进行统一的描述；"智能化"是指，在 Geodatabase 模型中，对空间要素的描述和表达较之前的空间数据模型更接近我们的现实世界，更能清晰、准确地反映现实空间对象的信息。

Geodatabase 是一种面向对象的数据模型，地理实体可以表示为具有性质、行为和关系的对象。Geodatabase 描述地理对象主要通过以下四种形式：

（1）用矢量数据描述不连续的对象。

（2）用栅格数据描述连续对象。

（3）用 TIN 描述地理表面。

（4）用 Location 或者 Address 描述位址。

Geodatabase 还支持表达具有不同类型特征的对象，包括简单的物体、地理要素（具有空间信息的对象）、网络要素（与其他要素有几何关系的对象）、拓扑相关要素、注记要素，以及其他更专业的特征类型。该模型还允许定义对象之间的关系和规则，从而保持地物对象间相关性和拓扑性的完整。

Geodatabase 中的所有数据都被存储在一个 RDBMS 中，即包括每个地理数据集的框架和规则，又包括空间数据和属性数据的简单表格。

二、Geodatabase 的数据组织

Geodatabase 数据模型是按照层次型的数据对象来组织地理空间数据（见图 5-5）。

Geodatabase 的基本体系结构包括要素数据集、栅格数据集、TIN 数据集、独立的对象类、独立的要素类、独立的关系类和属性域。其中，要素数据集又由对象类、要素类、关系类、几何网络构成。数据对象主要包括对象类（object classes）、要素类（feature classes）和要素数据集（feature datasets）等，这里主要介绍常用的几种。

（一）对象类

在 Geodatabase 中，对象类是一种特殊的没有空间特征的类，可以理解为一个在 Geodatabase 中储存非空间数据的表。例如某幢房子的主人，在"房子"和"主人"之间可以定义所属关系。

（二）要素类

矢量类型的地图数据，是以离散的点坐标表示地理要素（feature）。在 GIS 中，不同的地

理要素通常是分层表示,如道路、河流、植被、居民地等,这种几何类型(点、线、面等)相同及属性一样的要素集合称为要素类(feature class)。

要素类之间可以独立存在,也可具有某种关系。当不同要素类之间存在某种关系时,应考虑将它们组织到一个要素数据集。例如,地块、地块编号等这些要素类之间存在内在关系,我们就可以将其存储到同一要素数据集中。另外,描述空间对象及其属性的文本信息,在 Geodatabase 中通常也被存储为简单要素类,称为注记类。

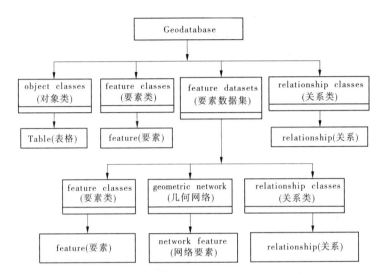

图 5-5　Geodatabase 数据组织结构

(三)要素数据集

要素数据集是由一组具有相同空间参考的要素类组成。一般而言,在出现以下情况时,应考虑将不同的要素类组织到一个要素数据集中:

(1)专题归类表示。对同一专题的要素类通常组织为同一个要素数据集,例如某区域内相同比例尺下的线状水系与面状水系被归在同一个要素集。

(2)考虑平面拓扑。考虑要素类间的平面拓扑关系,比如行政边界、道路等,当其中一个要素空间位置发生改变时,其公共的部分也需一起移动,从而保持公共边关系不变,这时我们也将其组织为同一要素集。

(3)建立几何网络。处于同一几何网络中的边、连接点等要素类,必须组织到同一个要素集内。

(四)关系类

关系类是定义两个不同的要素类之间的关联关系,例如可以定义房主和房子的关系、房子和地块的关系等。关系类可以在要素集内,也可以在要素集外。

对象类、要素类和要素数据集是 Geodatabase 数据模型中的基本组成项。当在数据库中创建了以上项后,就可以向数据库中加载数据,并进一步定义数据库,如建立索引,创建拓扑关系,创建子类,创建几何网络类、注释类、关系类等。

(五)Geodatabase 数据模型特点

Geodatabase 使用面向对象的数据建模,可以将所有空间地物以对象的形式进行封装(Encapsulation),更自如地表现地理信息。因此,与 CAD 数据模型、Coverage 数据模型相比,Geodatabase 的优势体现在以下几个方面:

（1）Geodatabase 数据模型是在一个公共模型框架下，对 GIS 处理和表达的空间特征进行统一描述和存储，所有数据都能在同一数据库中存储和管理。

（2）数据的输入与编辑更加精确。Geodatabase 通过智能化的属性验证，使用户在输入和编辑过程中引入的错误能够及时得到检测和纠正，为数据的正确性提供了保障。

（3）用户的操作对象更加直观化。在 Geodatabase 中，用户根据需要设计 Geodatabase 数据对象，操作的不再是一般意义的点、线、面，而是与数据模型相对应的实体对象，如道路、湖泊等。

（4）Geodatabase 中可以定义对象、要素之间的关联（relationships）。通过空间表达、拓扑关系及一般关系，用户不仅可以定义要素的性质，还可以定义它与其他要素的关联关系。这样，当与其相关的要素被移动、改变或删除时，用户预先定义好的关联要素也会做出相应的变化。

（5）要素集合都是连续无缝的。Geodatabase 数据模型能够容纳庞大的要素集合，实现了无分区分块的海量要素的无缝存储。

（6）要素的形状特征得到了更好的表现。Geodatabase 数据模型提供直线、圆弧、椭圆曲线、贝赛尔曲线等多种方式来定义要素的外形。

（7）Geodatabase 中的几何网络（Geometric Network）可以模拟道路运输实业或者其他公用设施网络，进行网络拓扑运算。

（8）实现了多用户并发操作。Geodatabase 数据模型支持多用户同时编辑同一区域内的要素，并对出现的差异进行相应的处理，并可自动协调出现的冲突。

三、Geodatabase 数据存储类型

Geodatabase 提供了不同层次的空间数据存储方案，可以分成三种：Personal Geodatabase（个人空间数据库）、File Geodatabase（基于文件格式的数据库）和 ArcSDE Geodatabase（企业级空间数据库）。

（一）Personal Geodatabases

从 ArcGIS 8.0 版本开始被引入，采用 MicroSoft Jet Engine 数据文件结构，将 GIS 数据存储到 Access 数据库中的 mdb 文件。支持的 Geodatabase 容量小于或等于 2 GB，实际有效的数据库容量仅为 250 ~ 500 MB。一旦超出此范围，数据库整体性能将显著降低。运行环境也仅限于 Microsoft 的 Windows 操作系统，只支持单用户编辑，不支持版本管理。就适用环境而言，在比较小的工作组级别应用中，使用 Personal Geodatabases 还是比较可行的。

（二）File Geodatabase

File Geodatabase 是 ArcGIS 9.2 版本新发布的一种 Geodatabase 数据模型。它以文件系统中的文件夹进行存储，每个数据集被存储为一个文件，存储容量可达到 TB 级。但 File Geodatabase 与 Personal Geodatabase 一样，也被设计为单用户编辑模式，不支持 Geodatabase 版本管理。该种 Geodatabase 数据模型比较适合于基于文件数据集的 GIS 项目的数据管理。

（三）ArcSDE Geodatabases

ArcSDE Geodatabases 是一个可供多个用户同时编辑和使用的多用户 Geodatabase。通过使用 ArcSDE 数据库中间件，ArcSDE Geodatabase 支持多种数据库管理系统（Oracle、SQL Server、IBM DB2、Informix 等），而且在数据的存储容量及用户数量上没有限制。利用企业级大型关系数据库系统存储海量的 GIS 数据，正是 ArcSDE Geodatabase 的最大优势所在。ArcSDE Geodatabase 支持多用户并发操作，提供长事务及版本管理工作流。目前在工作组级、部门级及企业级 GIS 应用领域被广泛使用。

单元三　创建 Geodatabase 地理数据库

　　文件和个人数据库创建较为简单,可以在 ArcGIS 的 ArcCatalog 环境中建立,而 ArcSDE Geodatabase 则需首先在网络服务器上安装数据库管理系统与 ArcSDE 空间数据库引擎,然后在 ArcCatalog 环境下建立空间数据库连接,进而创建空间数据库。本单元主要介绍文件和个人数据库的创建方法。

　　在 ArcGIS 中可以采用三种方法创建地理数据库,选择哪一种方法取决于 Geodatabase 的数据源是什么,是否要存储定制的要素或是否要创建新的 Geodatabase。这三种方法分别是:

　　(1)设计并建立一个新的地理数据库。

　　(2)复制并修改现有的数据库,然后向复制的数据库中加载数据集。

　　(3)创建完全复制于现有数据库的地理数据库。

　　下面以创建"中国" Geodatabase 为例,具体展示空间数据库的创建过程。

一、创建地理数据库

　　在创建的地理数据库之前要完成数据库的概念设计,每一个图层对应一个数据表,在 ArcCatalog 中要素类(feature Class)的概念与之对应。可以将多个要素类组织成为一个要素集(feature DataSet),在同一个要素集中的要素类都具有相同的地理参考,即投影的坐标系相同。

(一)创建地理数据库

　　(1)在 ArcCatalog 目录树中,右击要建立新地理数据库的文件夹,在弹出菜单中,单击【新建】→【文件地理数据库】,创建文件地理数据库。

　　(2)在 ArcCatalog 目录树窗口,将出现名为"新建文件地理数据库"的地理数据库,输入文件地理数据库的名称后按 Enter 键,一个空的文件地理数据库(见图 5-6)就建成了,同样可以建立个人地理数据库。

　　在建立一个新的地理数据库后,就可以在这个数据库内建立起基本组成项。数据库的基本组成项包括要素类、要素数据集、属性表(table)、关系类以及工具箱(toolbox)、栅格目录(raster catalog)、镶嵌数据集(mosaic dataset)、栅格数据集(raster dataset)等。

(二)创建要素数据集

　　建立一个新的要素数据集,必须定义其空间参考,包括坐标系统(地理坐标、投影坐标)和坐标域(X、Y、Z、M 范围及其精度)。数据集中所有的要素类必须使用相同的空间参考,且要素坐标要求在坐标域内。定义了要素数据集空间参考之后,在该数据集中新建要素类时不需要再定义其空间参考,直接使用数据集的空间参考。如果在数据集之外,即在数据库的根目录处新建要素类时,则必须单独定义空间参考。

　　创建要素数据集的操作步骤如下:

　　(1)在 ArcCatalog 目录树中,右击要建立新要素数据集的地理数据库,在弹出菜单中,单击【新建】→【要素数据集】,打开【新建要素数据集】对话框,见图 5-7。

　　(2)在【新建要素数据集】对话框中,输入要素数据集【名称】。单击【下一步】按钮,打

图 5-6　新建文件地理数据库

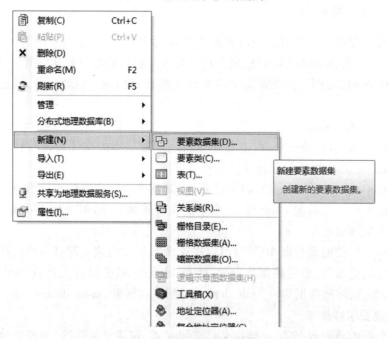

图 5-7　新建要素数据集

开【选择坐标系】对话框。参考坐标系。单击【下一步】按钮,打开【容差设置】对话框。

（3）选择要素数据集要使用的空间参考,可以选择为地理坐标系、投影坐标系或不设置参考坐标系,见图 5-8。单击【下一步】按钮,打开【容差设置】对话框。

（4）设置【XY 容差】、【Z 容差】及【M 容差】值,一般情况选中【接受默认分辨率和属性域范围（推荐）】复选框。

（5）单击【完成】按钮,完成要素数据集的创建。

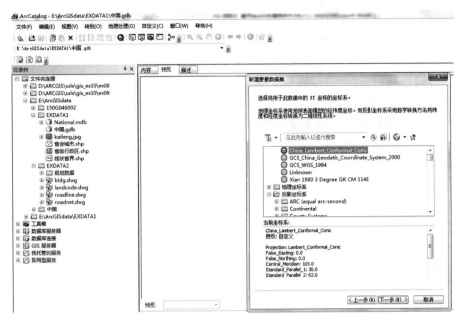

图 5-8 对要素数据集设置坐标系

(三) 创建要素类

在 ArcCatalog 目录树中创建要素类,可以在要素数据集中建立,也可以独立建立,但在独立建立时必须要定义其投影坐标。创建要素类时,需选择创建的要素类用于存储的要素类型,如多边形、线、点、注记、多点、多面体、尺寸注记等。

1.在要素数据集中建立要素类

在要素数据集中建立要素类的操作步骤如下:

(1) ArcCatalog 目录树中,右击要创建新要素类的要素数据集,在弹出的菜单中选择【要素类】,打开【新建要素类】对话框,如图 5-9、图 5-10 所示。

图 5-9 新建要素类   图 5-10 新建要素类对话框

(2)【新建要素类】对话框中输入要素类的【名称】以及【别名】,并选择要素类类型,在

【几何属性】区域根据需要选择坐标是否包含 M 值或者 Z 值。

（3）添加要素类字段,设置相应的【字段名】、【数据类型】和【字段属性】,见图 5-11。在默认情况下,有几个字段已添加到注记要素类中。如果要从另一个要素类或表中导入字段,可单击【导入】按钮,在打开的对话框中选择要导入的要素类或表,则该要素类或表的字段将添加到新建的要素类字段中。同时可以在【字段属性】区域修改任意字段属性。

（4）单击【完成】按钮,完成要素类的创建。

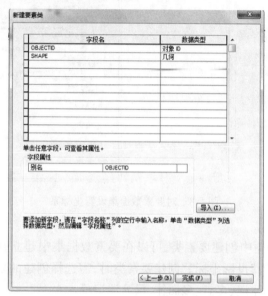

图 5-11　向要素类中添加字段

2.建立独立的要素类

独立要素类就是在地理数据库中不属于任何要素数据集的要素类,其建立方法与在要素集中建立简单要素类相似。只是独立要素类必须建立空间参考坐标、投影系统参数以及 XY 域。

（四）创建属性表

在 ArcGIS 中表用于查询和分析数据,表的行和列分别称为记录和字段。每个字段可存储对应类型的要素类。这些字段存储点、线和多边形几何图形的 Shape 字段。ArcGIS 会自动添加、填充和保留一些字段,例如唯一标识符数字(Objected)和 Shape。

在 ArcGIS 中可通过一个公用字段(也称为键)将一个表中的记录与另一个表中的记录相关联。此类关联方式有多种,包括在地图中临时连接或关联表,或者在地理数据库中创建可以保持更长久关联的关系表。

创建表的操作步骤如下:

（1）在 ArcCatalog 目录树中,右击要创建新表的数据库,在弹出菜单中,单击【新建】→【表】,打开【新建表】对话框,输入表的【名称】及【别名】。

（2）单击【下一步】按钮,如果是在文件地理数据库中创建新表,可选配置关键字,以使用多种语言管理文本字段。

（3）单击【下一步】按钮,向表中添加字段,单击【字段名】列中的下一个空白行输入名称,然后选择【数据类型】,也可设置其【字段属性】,操作如前文所述。

（4）单击【完成】按钮,完成表的创建。

二、Geodatabase 数据导入

在 Geodatabase 中,可以通过上文的方法,先新建要素类再添加、编辑要素的方法,更常使用的是将已经存在的数据导入到 Geodatabase,通过 Arccatalog,可以将 CAD、Table、Shape、Coverage 等数据或栅格影像等加载到 Geodatabase 中。导入一个数据表或要素类的同时,就创建了一个新的 Geodatabase 要素类。如果已有数据不是上述几种格式,可以通过 ArcToolbox 的工具进行数据格式的转换,再加载到地理数据库中。如果导入的要素类已具有它在 Geoclatabase 中所需使用的坐标系,则使用【要素类至要素类】或【要素类至地理数据库】工具导入数据。

(一)导入要素类到 Geodatabase

导入要素类的操作步骤如下:

在 Arccatalog 目录树中,右击要导入 Geodatabase 中的要素数据集,在弹出菜单中单击【导入】。如果导入单个要素,则可以选择【要素类(单个)】;如果要导入多个要素,则可以选择【要素类(多个)】。这里以已建立的"中国"数据库中"地理基础"数据集中导入多个要素类为例进行介绍。单击【要素类(多个)】按钮,选择要导入的文件,单击【确定】按钮,见图 5-12,完成要素类的导入。

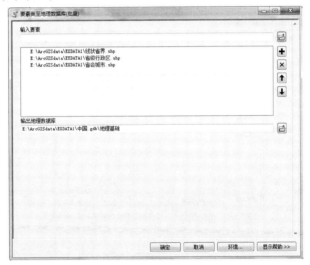

图 5-12　向数据集中导入要素类

(二)导入 CAD 数据到 Geodatabase

现有 CAD 数据文件"规划地块"及"规划道路"需要导入到规划数据库中,导入前需要进行数据检查、修改,最终生成合格的数据。

（1）在 Arccatalog 目录树中,右击"规划数据"文件夹建立"规划"地理数据库及数据集"地块数据集"选择坐标系为:

Projection：Gauss_Kruger

Xian_1980_3_Degree_GK_CM_120E

（2）输入容差值为 0.001 m,ZM 容差按默认值。

（3）在 Arccatalog 目录树中，右击要导入 Geodatabase 中的要素数据集"地块数据集"，选择导入多个要素类，选择"规划地块"的线实体（Ployline）和"规划地块"的注记（Annotation）及"规划道路"的线实体（Ployline），见图 5-13、图 5-14。为方便管理，可以对导入后的要素类进行重命名，例如"规划地块_dwg_Polyline"重命名为"规划地块线"。

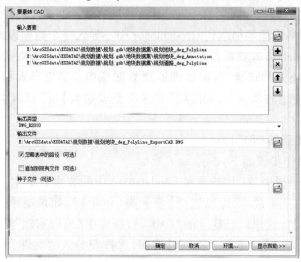

图 5-13 向数据集中导入 CAD 数据

图 5-14 选择要导入数据

三、Geodatabase 数据导出

导出数据能在多个地理数据库之间共享数据并选择性地更改数据格式。地理数据库的全部或任意部分导出，从而能够灵活地传输数据。

（一）导出要素类至其他地理数据库

导出要素类并将其导入到其他地理数据库，与在 Arccatalog 目录树中使用【复制】、【粘贴】命令把数据从一个地理数据库复制到另一个地理数据库是一样的。这两种方法都会创建要素数据集、类和表，并传输所有相关数据。

导出要素类至其他地理数据库的操作步骤如下：

（1）在 Arccatalog 目录树中，右击需要导出到 Geodatabase 中的数据，在弹出菜单中单击【导出】。如果是单个要素导出，则选择【转出至地理数据库（Geodatabase）（单个）】。如多个要素导出，则选择【转出至地理数据库（Geodatabase）（批量）】，见图 5-15。

图 5-15　导出数据

（2）在【要素类至要素类】对话框中设置参数。在【输入要素】文本框中输入要转入的数据位置，在【输出位置】文本框中输入新要素类名称的位置，在【输出要素类】中输入新要素类名称。

（3）单击【确定】按钮，完成导出操作。

（二）导出 XML 工作空间文档

将要素数据集、类和表导出至导出文件时，也会导出所有的数据。例如，如果导出几何网络或拓扑类，那么也会导出该网络或拓扑中的所有要素类。如果导出处于某关系中的要素类或表，那么除要素类或表外，也会导出与其关联的关系类。对于具有与要素关联的注记要素类同样如此。对于具有域、子类型或索引的要素类，其域、子类型或索引也会导出。

导出 XML 工作空间文档的操作步骤如下：

（1）在 Arccatalog 目录树中，右击要导出的地理数据库、要素数据集、要素类或表，在弹出菜单中，单击【导出】→【长 XML 工作空间文档】，打开【导出 XML 工作空间文档】对话框。

（2）指定要导出的新文件的路径和名称，如通过在文本框中输入的方式指定路径和名称。

单元四　ArcSDE 概述

ArcSDE 是 ArcGIS 软件家族中的一员，是一个空间数据库中间件技术。ArcSDE 以数据库为后台存储中心，为前端的 GIS 应用提供快速的空间数据访问，海量数据的快速读取和数据存储的安全高效是 ArcSDE 的重要特征。

一、SDE 概述

SDE（spatial database engine），即空间数据库引擎，最早由 ESRI 提出。ESRI 对 SDE 的定义是：从空间数据管理的角度看，SDE 是一个连续的空间数据模型，借助于这一模型，我们可以将空间数据加入到关系数据库系统（RDBMS）中去。

在进行数据库管理时，把 GIS 数据放在 RDBMS 中，但是一般的 RDBMS 都没有提供 GIS 的数据类型（如点、线、多边形，以及这些 feature 之间的拓扑关系和投影坐标等相关信息），RDBMS 只提供了少量的数据类型支持，如 int、float、double、Blob、Long、char 等，一般都是数字、字符串和二进制数据几种。并且 RDBMS 不仅没有提取对 GIS 数据类型的存储，也没有提供对这些基础类型的操作（如判断包含关系，相邻、相交、求差、距离、最短路径等）。

为了解决空间数据库问题，ESRI 公司一直致力于研究空间数据库解决方案，并于 1994 年发布了 ArcSDE 的前身产品——SDE，并在过去的时间里不断更新和改进 ArcSDE 软件。2001 年，ArcSDE 被纳入 ArcGIS 软件家族系列。作为空间数据库的解决方案，ArcSDE 可以存储海量数据，并整合 Geodatabase 的功能，是存储地理数据及其行为的一个"智能"数据库解决方案。

二、ArcSDE 空间数据库引擎

ArcSDE 基于 SDE 技术，在标准的关系数据库系统的基础上，通过增加一个空间数据管理层，实现了对现有的关系型数据库管理系统或对象关系型数据库管理系统的空间扩展，能够将空间数据和非空间属性数据统一存储于商用 DBMS 中，为网络中的任意客户端应用程序提供了一个在 DBMS 中存储和管理 GIS 数据的数据通道。ArcSDE 充分地把 GIS 和 RD-BMS 集成起来，允许 ArcGIS 在多种数据库平台上管理地理空间数据，保证了特定领域的 GIS 应用，实现了不同的客户端之间的高效共享和互操作。

（一）ArcSDE 的体系结构

ArcSDE 的逻辑结构采用的是 Client/Server 结构。对于服务器端（Server），ArcSDE 使用 giomgr 进程与数据库进行交互，每个 ArcSDE 服务都对应一个用户进程，通过用户进程来监听用户的服务请求（服务器名和端口）及连接验证（用户名和密码），并清理断开的连接。对于客户端（Client），由服务器端的 giomgr 进程为每个连接到 ArcSDE 服务器的客户端应用程序生成一个 gsrvr 进程，通过关系数据库系统的服务端程序，gsrvr 进程将用户所有的数据查询及编辑请求提交到服务器端，从而完成客户端与服务器端的交互。

ArcSDE 空间数据库引擎在连接实现上采用了三层体系结构，即 RDBMS Server、ArcSDE Server 和 Client。实际工作中，通常将 RDBMS 服务器和 ArcSDE 应用服务器安装配置在同一台服务器主机上，而客户端可以是运行在 Internet/Intranet 上的任意一台客户机，通过 TCP/IP 网络协议与服务器通信。在这种结构下，RDBMS 服务器执行所有的空间查询和检索操作，并将结果返回给客户端；ArcSDE 应用服务器则主要负责对服务请求进行"翻译"，起着数据通道作用。

（二）ArcSDE 的基本功能

空间数据库引擎处于 GIS 应用体系中的应用处理层，是连接客户端应用与 RDBMS 服务器之间的数据通道,在建立 GIS 应用体系中具有极其重要的地位。ArcSDE 作为客户端应用与 RDBMS 之间的数据中间件,它不仅要具有一般数据库管理系统存取和管理数据的能力,还必须具备以下基本功能:

(1)支持多种数据库管理系统。

ArcSDE 采用统一的数据标准和组件接口,因此能够包容较多的数据类型,支持多种数据库管理系统,并且易于实现数据库的更新和扩展。ArcSDE 作为多种 DBMS 的通道,它能够为 Oracle、Microsoft SQL Server、IBM DB2 及 Informix 等多种 DBMS 平台提供高性能的 GIS 数据管理功能。ArcSDE 对多种数据库系统平台的支持,大大拓宽了 GIS 的应用领域。

(2)提供数据的并发操作及安全控制机制。

ArcSDE 为了实现多用户共享空间数据库引擎的服务,提供对用户的多线程执行,可以实现在多用户环境下的高效并发访问。同时,因为 ArcSDE 构建在成熟的关系型数据库管理系统之上,它充分利用了数据库系统的安全控制机制,从而保证了地理空间数据的安全性和可靠性。

(3)支持分布式数据共享。

ArcSDE 采用客户端/服务器(C/S)体系结构及成熟的数据库技术,能够将地理空间数据以记录的形式进行存储,数据可以分散存储于网络上的各个空间数据库中,而且连接的数据库和用户数量不受限制,直至达到 DBMS 上限。这就为基于网络的空间数据分布式调用提供了技术保障。

(4)支持空间数据索引和海量数据的管理。

空间数据索引是一种介于空间操作算法和地理对象之间的辅助性空间数据结构。通过筛选处理,它能够排除大量与特定空间操作无关的地理对象,从而缩小了空间数据的操作范围,提高了空间操作的速度和效率。在 ArcSDE 的应用体系中,数据库管理系统的强大数据处理能力加上 ArcSDE 独特的空间索引机制,使得每个数据集的数据量不再受到限制,轻松实现对海量空间数据的管理。

(5)支持空间关系运算及空间分析。

由于单纯的 DBMS 并不直接支持对几何数据的运算,在 GIS 系统体系结构中,都需要空间数据库引擎对空间数据加以处理,从而保证空间数据库系统能够对地理空间数据进行必要的空间关系运算和空间分析。

(6)支持 GIS 工作流和长事务处理。

GIS 中的数据管理工作流,诸如数据的 Check_In/Check_Out、多用户编辑、松散耦合的数据复制及历史数据管理等,都依赖于 ArcSDE 长事务处理和版本管理。

(7)灵活的配置。

ArcSDE 支持多种操作系统,例如 Windows、Linux、Unix 等,能够在同一局域网内或跨网络对应用服务器进行多层结构的配置。

(三) ArcSDE 对空间数据的存储与管理

ArcSDE 通过将空间数据类型加入到关系数据库中的方式,在不影响也不改变现有数据库或应用的情况下,借助于 Business Table(业务表)、Feature Table(要素表)、Spatial Index Table(空间索引表)来实现对矢量数据和栅格数据等海量地理空间要素的存储和管理。

对于矢量数据的存储,ArcSDE 采用压缩二进制格式对空间要素几何图形进行存储。对于栅格数据的存储,其方式类似于存储压缩二进制的矢量要素,区别在于:对栅格数据进行存储时,ArcSDE 会在创建 Business Table 过程中,为 Business Table 增加一个栅格列,并同时创建栅格表、栅格辅助表、栅格分块表、栅格波段表和栅格元数据表。Business Table 负责属性数据和空间数据之间的连接管理。

(四) ArcSDE 版本管理机制

DBMS 中,事务(Transaction)是数据库的逻辑工作单位,是用户定义的一组操作序列,DBMS 对多用户并发操作的控制便是以事务为单位进行的。版本是 GIS 空间数据库管理数据的一种机制,版本使得多个用户能够在不用锁定数据库或者复制数据库的状态下同时编辑同一个版本或者同一个 Geodatabase。

版本管理是 GIS 空间数据库系统实现多用户、多时态、多版本数据管理的重要手段。在实现多用户的并发操作和长事务管理中发挥着重要作用,在对历史数据存储的同时,能够避免数据库的过分增大,又能够方便地实现版本回溯。因此,版本管理在 GIS 空间数据库系统中有着广泛的应用和重要意义。

单元五　ArcGIS 建立 Geodatabase 数据库案例

一、案例背景

某地区有土地使用规划地图,要求输入 ArcGIS 数据库,原始图形是 AutoCAD 格式的 dwg 文件,文件名为 landcode.dwg,用 Polyline 和 Line 图形实体绘制地块边界,用 Text 实体注记各地块编码(见图 5-16)。

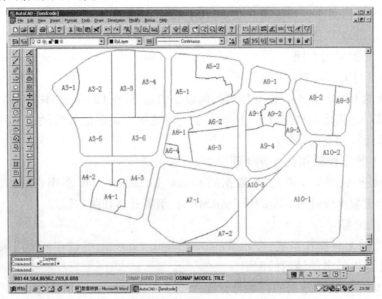

图 5-16　用 AutoCAD 显示 landcode.dwg

二、入库操作

（一）新建 Geodatabase

启动 ArcCatalog，在左侧的目录中展开工作目录【..\data】，用右键点击【data】目录后，选用菜单【New】→【Personal Geodatabase】，新建一个 Geodatabase，取名为【Parcel23】，鼠标右键点击建好的 Geodatabase【Parcel23】，选用菜单【New】→【Feature Dataset】，出现【Feature Dataset】对话框，在【Name】栏中输入 Feature Dataset 的名称【A1】。在对话框下方单击【Edit】按钮，进入空间参照【Spatial Reference】属性对话框，使用原始数据 landcode.dwg 的坐标系，单击【Import】按钮，在【data】目录下，可以看到 2 个 landcode.dwg 数据源，选蓝色的一种，单击【Add】按钮，再按【OK】键，原始数据的坐标系统、X/Y 空间域的设定被读入。再按对话框下方【Edit】按钮，选定【X/Y Domain】标签，可以看到相应的数值，如果有特殊需要，可以在此基础上调整 X/Y 空间域的值。再选标签【Coordinate System】，点击按钮【Select】，选择该要素集的投影坐标系，选择【Projected Coordinate System】→【Gauss Kruger】→【Beijing 1954】→【Beijing 1954 3 Degree GK CM 120E.prj】，按【Add】键，确定投影坐标系的设定，再按【OK】键，回到【Feature Dataset】对话框，按【OK】键，要素集 Feature Dataset【A1】新建完毕，可以看到 ArcCatalog 对话框的右侧，出现【A1 Personal Geodatabase Feature Dataset】。

（二）AutoCAD 的线实体转换成线要素

在 ArcCatalog 左侧目录树中选择【Geodatabase ..data\Parcel23】，鼠标右键选用菜单【Import】→【Feature Class（Single）】，出现要素类到要素类【Feature Class to Feature Class】对话框：

Input features

..\data\landcode.dwg\Polyline　　　　单击后面的图标，在文件夹 ..\data\ 下，选择 landcode.dwg，双击鼠标，展开 dwg 中的要素，选择 Polyline，单击 Add 键添加

Output Location

..\data\parcel23.mdb\A1　　　　自动产生默认路径，无需修改

Output Feature Class Name：

Parcel_Polyline　　　　键盘输入转换后的要素类名称

Expression（optional）　　　　无需输入

Field name（optional）　　　　选择转换的字段

在 CAD 文件转换成 Feature Class 的过程中，可以将 CAD 实体的相关特征，如图层名（Layer）、厚度（Thickness）、高度（Elevation）、颜色（Color）等，转化成 Feature Class 的属性表中的字段。对话框显示了转换前后的字段情况。

其中，【Field Name】是转换前的 CAD 实体的特性，【New Field Name】表示转换之后的要素属性表的字段名，用户可以直接修改。【Visible】表示该字段是否参加转换，可下拉式选择【True】或【False】。True 表示该属性不删除，参与转换，【False】表示该属性删除，不参与转换。本案例不需使用原有的 CAD 实体的特征，所有的字段均设为【False】，不参与转换。

对话框中后面四个选项，均采用默认值，不做修改。选【OK】键确认。系统出现【Feature Class to Feature Class】计算框,经过一定时间的计算后显示【Completed】,完成转换,单击【Close】,关闭【Feature Class to Feature Class】计算框。

原始 CAD 的线实体转换成要素类 parcel_Polyline。用户使用 ArcCatalog 中的预览【Preview】选项,可以看到转换后的线要素类 Parcel_Polyline(见图 5-17)。新建的线要素类属性表中有【Object ID】、【Shape】、【Shape_Length】三项字段。其中,【Shape_Length】是转换后自动产生的线要素长度。

图 5-17 转换后的 Feature Class Parcel_Polyline

(三)CAD 的文字实体转换成点要素

在 ArcCatalog 左侧目录树中选择【Geodatabase ..\data\Parcel23\A1】,鼠标右键选用菜单【Import】→【Feature Class(Single)】,出现要素类到要素类【feature Class to Feature Class】对话框:

Input features

..\data\landcode.dwg\Annoatio   单击后面的图标,在路径 ..\data 下,选择 landcode.
                                       dwg,双击鼠标,展开 dwg 中的要素,选择 Annoation
                                       (文字), 单击 Add 添加

Output Location:

..\data\parcel23.mdb\A1   自动产生默认路径,无需修改

Output Feature Class Name:

Parcel_Label   键盘输入转换后的要素类名称

Expression (optional)   无需输入

Field name(optional)   选择转换的字段

在对话框中在【Visible】一栏下,将【Text_】项保留为【True】参与转换,其余的各项字段均设置为【False】,不参与转换。对话框中后面四个选项,均采用默认值,不做修改。单击【OK】键确认。系统出现【Feature Class to Feature Class】计算框,经过一定时间的计算后显示【Completed】,完成转换,单击【Close】关闭【Feature Class to Feature Class】计算框。

原始 CAD 数据的文字实体注记 Text 转化完成新的点要素类(Point Feature Class)Parcel_ Label。使用 ArcCatalog 中的预览【Preview】选项,可以看到转换后的点要素类图形,以及新建的点要素类属性表中有【Object ID】、【SHAPE】、【Text_】三项字段(见图 5-18)。

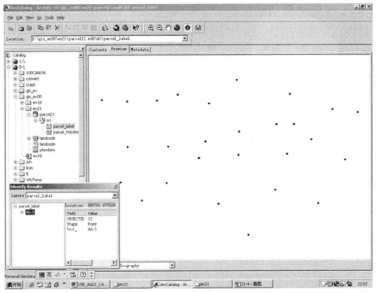

图 5-18　CAD 的 Text 实体转换成要素类,含 Text_属性

(四)使用线要素的拓扑关系,检查数据质量

在 ArcCatalog 目录树中选择【Geodatabase ..\data\ Parcel23】下要素集【A1】,用鼠标右键选用菜单【New】→【Topology】,按【Next】键,进入拓扑类设定:

Enter a name for your topology:A1_Topology1　　　拓扑要素取名为 A1_Topology1

Enter a Cluster Tolerance:0.001 meter　　　　设置限差值为 0.001 m 按【Next】键继续

Select the feature class that will participate in the topology: Parcel_Label

√　Parcel_Polyline　　　　　　　　　　勾选线要素类参与拓扑关系

按【Next】键进入【Rank】设置,本练习中无需设置此项,采用默认值,再选【Next】键设置拓扑规则。单击【Add Rule】,为线要素类 Parcel_Polyline 添加拓扑规则【Must not Have Dangles】(见图 5-19)。勾选【Show Errors】,按【Next】键,可看到有关拓扑的设置,若确认无误,按【OK】键继续。系统计算生成拓扑关系,提示:

The new topology has been created, would you like to validate it?

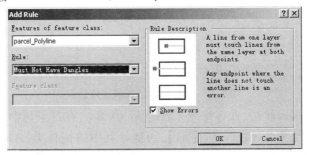

图 5-19　添加拓扑规则 Must not Have Dangles

　　选择【是(Y)】,系统验证拓扑关系,生成拓扑类 A1_Topology1。用 ArcCatalog 的【Preview】窗口可以看到 5 个红色的小方块,提示有 5 处拓扑错误(见图 5-20)。数据转换后有质量问题,是很常见的,如:①CAD 原始数据中,线和线之间没有严格按捕捉方式输入;②AutoCAD 和 ArcGIS 的坐标精度控制不一致,即使在 CAD 中严格用捕捉方式输入,转换后也会出现拓扑错误;③建立拓扑关系时限差值(Cluster Tolerance)取得太小,差错检验的要求过高,增加了出错的机会,当然 Cluster Tolerance 设得太大,会影响要素的坐标精度(本案例设成 0.001 m,在实际使用中可能要求过高了)。利用拓扑关系可有效检验数据质量。

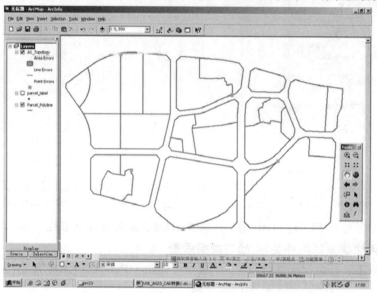

图 5-20　在 ArcMap 中察看拓扑错误

(五)修正几何差错,重建拓扑

　　启动 ArcMap,建立一个新的地图文档,加载 Geodatabase【Parcel23】下要素集【A1】的要素类 Parcel_Polyline、Parcel_Label、A1_Topology1。进入 Data Frame Properties(特征设置)对话框,点击【General】标签,将【Map Units】和【Display Units】均改为 Meters。使用 ArcMap 的编辑功能,修改要素类 Parcel_Polyline 的错误,其中有线过短(Under Shoot)的问题,也有过长(Over Shoot)的问题(见图 5-21)。对过短的问题,使用高级编辑工具条上的【Extend】工具,过长的问题使用高级编辑工具条上的【Trim】工具,进行编辑修改。

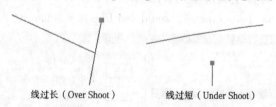

线过长(Over Shoot)　　　　线过短(Under Shoot)

图 5-21　最常见的线和线交接错误

　　完成修改,结束编辑状态,保存修改。启动 ArcCatalog,在目录树中选择【Geodatabase ..\ data\ Parcel23】下的要素集 Geodataset【A1】,再选择其中的拓扑类【A1_Topology1】,用鼠标的右键选用菜单【Topology】→【Validate】,重新验证拓扑关系,系统提示:The topology has been validated。使用 ArcCatalog 的【Preview】标签,查看拓扑类【A1_Topology1】,保证没有拓

扑错误,如果还有,再到 ArcMap 中编辑,再检查。直到表示错误的红点没有。

(六)用线要素生成多边形

在 ArcCatalog 目录树中选择【Geodatabase ..\data\Parcel23】下的要素集【A1】。用鼠标右键选择单【New】→【Polygon Feature Class From Lines】,出现【Polygon Feature Class From Lines】对话框:

Enter a name for the feature class:Parcel_Polygon　　　键盘输入多边形要素类名称

Enter a Cluster tolerance:0.001 meter　　　　　　键盘输入限差值

Select the feature classes that will contribute in creating the polygons:

√　　Parcel_Polyline　　　　　　　　　　　　勾选参与生成多边形的线要素类

Select a point feature class to establish attributes for the polygon features:

Parcel_Label

　　　　　　　　　　　　　下拉选择点要素类,为新建的多边
　　　　　　　　　　　　　形要素类提供编号属性

按【OK】键确认,系统根据线要素 Parcel_Polyline 生成多边形要素。

Parcel_Polygon 的边界(见图 5-22)。多边形的面积、周长均自动产生,而每个多边形的编号属性【Text_】却来自点要素类 Parcel_Label。由于点和多边形在空间位置上事先存在一对一的几何关系,如果原始 CAD 图形中一个地块多边形内肯定有一个(只有一个)Text 实体,Geodatabase 中不会产生差错。读者还可以进一步比较点、线、面三种要素的属性项。选择菜单【File】→【Exit】,退出 ArcCatalog。

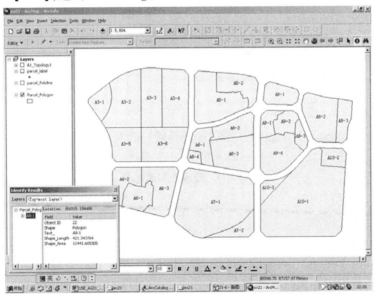

图 5-22　多边形 Parcel_Polygon 带有点要素 Parcel_Label 的属性

(七)连接外部表

进入 ArcMap,加载选择 Geodatabase..\data\Parcel23 下要素集【A1】中的新建多边形要素类 Parcel_Polygon。可以看到每一地块多边形已经有了面积、周长和用地编码等属性,下一步用连接(Join)外部表的方法,给地块多边形增加其他属性,有关属性已经输入【...\data\Plandata.dbf】文件。在 ArcMap 中选择图层 Parcel_Polygon,用鼠标右键选择【Joins and Relates】→【Join】,弹出【Join Data】对话框:

What do you want to join to：Join attributes from a table　　下拉选择和某个表建立
　　　　　　　　　　　　　　　　　　　　　　　　　　　　连接

1.Choose the field in this layer that the join will take place：Text_　下拉选择连接字段名

2.Choose the table to join to this layer，or load a table：Plandata　利用按钮▣将..\data\
　　　　　　　　　　　　　　　　　　　　　　　　　　　　Plandata.dbf 读入

3.Choose the field in the table to base the join only：Code　　　下拉选择被连接表的字
　　　　　　　　　　　　　　　　　　　　　　　　　　　　段名

　　按【OK】继续，提问是否要加索引，回答【No】。可以看到，地块多边形多了 Landuse、Far、Density、Green、Height、Remark 等属性。

　　目前的连接是临时的，其他地图文档调用时该要素类，还要再做连接。继续在 ArcMap 中选择图层 Parcel_Polygon，用鼠标右键选用菜单【Data】→【Export Data】，出现【Export Data】对话框，不要修改对话框中的其他选项，只修改最后一项：Output Shapefile or feature class？打开后边的图标▣，再设置（见图 5-23）：

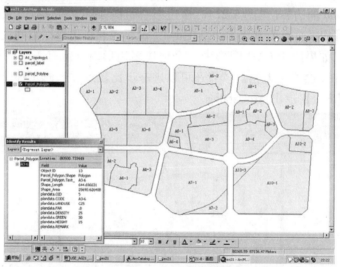

图 5-23　连接外部属性表

Look：A1　　　　　　　　　　　　　　下拉选择 Geodatabase dataset 及要素
　　　　　　　　　　　　　　　　　　类名称

Name：Parcel_end　　　　　　　　　　键盘输入要素类名称

Save as type：Personal Geodatabase feature classes　下拉选择数据类型

　　按【Save】，数据保存到【Geodatabase..\data\Parcel23】中的要素集 Geodataset【A1】下，为多边形要素类 Parcel_end，如图 5-24 所示。这一多边形要素类有了地块的全部属性。提示是否需要将输出的数据直接添加进入，选择【是(Y)】，在 ArcMap 中再加载 Parcel_end，打开图层属性表，可以看到，属性字段已经连成一体。

三、拓扑规则

(一)拓扑规则简介

　　实际应用时，往往需要在空间数据各要素之间保持某种特定的关系。比如：地块图斑是

图 5-24　连接后的要素输出为新的 Feature Class

多边形,不能有相互重叠区域,线状道路之间不能有重叠线段、界址点必须在界址线上,等等。在 ArcGIS 的 Geodatabase 中可以增加一系列的拓扑规则,在要素之间建立空间关系,还可以对这些规则进行维护。为了便于理解拓扑规则,先解释几个专用术语:

相交(Intersect):线和线相交,并且只有一点重合(该点不是端点)。

接触(Touch):某线段的端点和自身或其他线段有重合。

悬点(Dangle Node):线段的端点悬空,没有和其他任何线段连接的端点。

伪结点(Pseudo Node):两个端点相互接触,连接成一个端点。

拓扑规则的种类可以按点、线、面来分。

(二)建立拓扑规则的注意事项

建立拓扑规则比较简单,查错、改错时需要注意若干专门术语,包括 Cluster Tolerance、Rank、Dirty Area、Error and Exception。其中,Cluster Tolerance 和 Rank 是在建立拓扑规则时用到的,Dirty Area 和 Error and Exception 是拓扑编辑时用到的。

Cluster Tolerance 的中文意思是线簇之间的限差,是一个长度值,在 ArcGIS 建立拓扑规则的时候,如果两个拐点(Vertex)之间的距离小于 Cluster Tolerance,那么这两个拐点就被捕捉(Snap)在一起,变成了一个拐点。这里所说的两个不同的拐点被捕捉在一起,是属于需要建立拓扑规则的不同的要素类(Feature Class),如果同一个线要素类(Line Feature Class)内部不建拓扑规则,许多根线的相互距离很近,不同的拐点(Vertex)之间的距离小于 Cluster Tolerance 的设定值,也不会被捕捉在一起。只有分别属于需要建立拓扑规则的要素类之间的拐点相互距离小于指定值时,才会有捕捉作用。Cluster Tolerance 可用默认值,也可键盘输入,值的大小根据要素类的精度和几何范围确定。

既然有捕捉(Snap)过程,要素就会移动,Rank 表示等级,每个要素类在参与拓扑规则时都会有一个 Rank 值,如果需要捕捉,Rank 值低的要素类的拐点向 Rank 值高的要素类的拐点移动,实现捕捉。建立拓扑规则时,如果参与的要素类只有一个,则捕捉过程就发生在同一个要素类的内部,它的 Rank 值不起作用。

Dirty Area 的中文意思是责任区,是指被编辑过的区域,该区域中可能有违反拓扑规则的要素。Dirty Area 用一个矩形框把编辑过的地方围起来,验证拓扑规则的时候,只需要对这些矩形框进行验证,这就提高了计算机的处理效率。

Error 的中文意思是出错,是指违反拓扑规则的地方,用红色方块表示。某些可接受的

Error 被称为 Exception(例外)。

(三)拓扑规则小结

Geodatabase 可以建立多种点、线、多边形的拓扑规则,用于控制要素类之间特定的空间关系。Geodatabase 的拓扑关系在 ArcCatalog 中建立。Geodatabase 中一个要素类允许设置多个拓扑规则,但是这些规则必须定义在一个拓扑类中。建立拓扑关系,可以直接用于空间数据的质量控制、维护,有效地提高数据的精度和完整性。利用不同的拓扑规则建立拓扑关系,还可以直接用于某些特定的空间分析。表 5-1~表 5-3 中列出 ArcGIS 的 Geodatabase 所支持的拓扑规则表,供查询。

表 5-1　点拓扑规则

Must Be Covered By Boundary of	点必须在多边形的边界上
Must Be Properly Inside Polygons	点必须在多边形内
Must Be Covered By Endpoint of	点必须在线的端点上
Must Be Covered By Line	点必须在线上

表 5-2　线拓扑规则

Must Not Overlap	同一要素类中,线与线不能相互重叠
Must Not Intersect	同一要素类中,线与线不能相交
Must Not Have Dangles	不允许线要素有悬线
Must Not Have Pseudo Nodes	不能有伪结点
Must Not Intersect or Touch Interior	线和线不能交叉,端点不能和非端点接触
Must Not Overlap With	两个线要素类中的线段不能重叠
Must Be Covered By Feature Class of	某个要素类中的线段必须被另一要素类中的线段所覆盖
Must Be Covered By Boundary of	线要素必须被多边形要素的边界覆盖
Endpoint Must Be Covered By	线要素的端点被点要素覆盖
Must Not Self Overlap	不能和自己重叠
Must Not Self Intersect	不能自相交
Must Be Single Part	线要素必须单独,不能相互接触、重叠

表 5-3　多边形拓扑规则

Must Not Overlap	同一多边形类的要素之间不能重叠
Must Not Have Gaps	多边形之间不能有间隙
Must Not Overlap With	一个要素类中的多边形不能与另一个要素类中的多边形重叠
Must Be Covered By Feature Class of	多边形要素中的每一个多边形都被另一个要素类中的多边形覆盖

续表5-3

Must Not Overlap	同一多边形类的要素之间不能重叠
Must Cover Each Other	两个要素类中的多边形相互满覆盖,外边界一致
Must Be Covered By	每个多边形要素都被另一个要素类中的单个多边形覆盖
Boundary Must Be Covered By	多边形的边界必须与线要素中的线段重合
Area Boundary Must Be Covered By Boundary of	某个多边形要素类的边界线在另一个多边形要素类的边界线上
Contains Point	多边形内必须包含点要素

四、案例小结

CAD 在其他行业应用广泛,将 CAD 数据转换进入 Geodatabase,是一种常用的数据获取、交换途径。ArcGIS 可转换 AutoCAD 的 dwg 和 dxf 文件、Intergraph / MicroStation 的 dgn 文件。AutoCAD Entity 和 ArcGIS Feature Class 之间的关系如表5-4所示。

表5-4 AutoCAD Entity 和 ArcGIS Feature Class 之间的关系

AutoCAD Entity(实体类型)	ArcGIS Feature Class(要素类)
Line、Arc、Circle、Polyline、Solid、Trace、3D Face	Line,线要素类
Point、Shape、Block 的插入点	Point,点要素类
闭合的 Polyline、Circle、Solid、3D face、	Polygon,多边形要素类
Text	Point,点要素类

ArcGIS 转换 CAD 文件,并不是根据图层读取,而是按实体类型(点、线、多边形、文字注记)读取,每一种 CAD 的实体可以被转换为一个要素类。转换时,可以选择是否将 CAD 原有的图层、颜色、高程等特征也转换到要素属性表中。例如:如果 CAD 中某图层上图形对 Geodatabase 是多余的,就可以图层名作为属性转换进来,再用属性查询、选择的办法,将符合原来图层名的要素选出来,成批删除。AutoCAD 不同实体与 Geodatabase 的要素对应关系如表5-4所示。

CAD 图形数据转换进入 Geodatabase,一般直接使用原来的坐标,但是空间参照的有关参数应由用户指定。

在 AutoCAD 中,闭合的 Polyline 可以直接转换为多边形要素类。但是,在 AutoCAD 中生成闭合 Polyline 并不方便,尤其是当边界较为复杂、带有弧段时,难以产生闭合 Polyline。为此,本案例没有直接在 AutoCAD 中生成闭合 Polyline,再转换为 Geodatabase 多边形要素类的方法,而是先将 CAD 的多边形边界转换为线要素,利用拓扑关系查错、改错,再由线要素产生多边形,这一方法容易保证数据的质量。

在 AutoCAD 中,往往将多边形的编号直接用 Text 实体标注,将 Text 实体转换为点要素后再进入多边形的属性表也是一种实用的途径。为此,要求在 AutoCAD 中输入 Text 实体时,必须将 Text 的标注点(Start Point)落在对应多边形的内部,在 ArcGIS 中,参与多边形要素类的建立时,就可直接得到一对一的逻辑关系,不必在 ArcMap 中逐个手工输入多边形的编号,这种方法可提高大批量数据输入的效率。本案例中线要素、点要素的转换方法也可用在其他场合。

■ 项目小结

本项目主要介绍 ArcGIS 的体系结构及 Geodatabase 的建立以及 ArcSDE 空间数据库引擎的工作机制。通过土地利用数据库建设案例,介绍了在 ArcGIS 中如何创建 Geodatabase 地理数据库、要素集及要素类,并进行编辑处理,检查入库的基本工作流程。

■ 复习与思考题

1.简述 ArcGIS 的体系结构。

2.简述在 ArcGIS 如何建立一个个人数据库。

3.简述 ArcSDE 空间数据库引擎,并例举几种常见的空间数据库引擎。

4.Geodatabase 数据模型具有哪些功能特点?

5.Geodatabase 数据模型如何实现空间数据的组织与存储? 举例说明 Geodatabase 数据模型适用的领域。

6.简述 ArcSDE 空间数据库引擎的体系结构及工作机制。

7.在 ArcCatalog 环境中,练习 Personal GDB(Personal Geodatabase)或 File GDB(File Geodatabase)本地空间数据库的创建。重点练习要素数据集、要素类、关系表及数据加载等操作。

项目六　空间数据库建设实例——土地利用数据库的建立

项目概述

　　本项目主要学习空间数据库的建设方法和流程;以土地利用数据库为实例,介绍了数据库的内容和要素分类编码的方法,对数据库进行结构设计和分层;以 Geodatabase 地理数据库为例,进行土地利用数据入库的实际操作。

学习目标

　　知识目标

　　掌握空间数据库建设的流程和方法;了解 Geodatabase 地理数据库建库的方法。

　　技能目标

　　能对土地利用数据库进行结构设计,并以 Geodatabase 地理数据库为例进行土地利用数据的入库。

单元一　数据库内容和要素分类编码

一、数据库内容

　　土地利用数据库包括基础地理要素、土地利用要素、土地权属要素、基本农田要素、栅格要素、其他要素等。

二、要素分类与编码

　　土地利用数据库要素分类:大类采用面分类法,小类以下采用线分类法。根据分类编码通用原则,将土地利用数据库要素依次按大类、小类、一级类、二级类、三级类和四级类划分,要素代码采用十位数字层次码组成,其结构如下:

　　(1)大类码为专业代码,设定为二位数字码,其中基础地理专业码为 10,土地专业码为 20;小类码为业务代码,设定为二位数字码,空位以 0 补齐。土地利用的业务代码为 01,土地利用遥感监测的业务代码为 02,土地权属的业务代码为 06;一至四级类码为要素分类代码,其中一级类码为二位数字码,二级类码为二位数字码,三级类码为一位数字码,四级类码为一位数字码,空位以 0 补齐。

××	××	××	××	×	×
—	—	—	—	—	—
大类码	小类码	一级类要素码	二级类要素码	三级类要素码	四级类要素码

（2）基础地理要素的一级类码、二级类码、三级类码和四级类码引用《基础地理信息要素分类与代码》（GB/T 13923—2006）中的基础地理要素代码结构与代码。

（3）各要素类中若含有"其他"类，则该类代码直接设为"9"或"99"。

土地利用数据库各类要素的代码与名称描述见表6-1。

表 6-1　土地利用数据库各类要素的代码与名称描述

要素代码	要素名称	说明
1000000000	基础地理信息要素	
1000100000	定位基础	
1000110000	测量控制点	
1000110408	数字正射影像图纠正控制点	《基础地理信息要素分类与代码》（GB/T 13923—2006）的扩展
1000119000	测量控制点注记	
1000600000	境界与政区	
1000600100	行政区	《基础地理信息要素分类与代码》（GB/T 13923—2006）的扩展
1000600200	行政区界线	《基础地理信息要素分类与代码》（GB/T 13923—2006）的扩展
1000609000	行政区注记	《基础地理信息要素分类与代码》（GB/T 13923—2006）的扩展
1000700000	地貌	
1000710000	等高线	
1000720000	高程注记点	
1000780000	坡度图	《基础地理信息要素分类与代码》（GB/T 13923—2006）的扩展

续表 6-1

要素代码	要素名称	说明
2000000000	土地信息要素	
2001000000	土地利用要素	
2001010000	地类图斑要素	
2001010100	地类图斑	
2001010200	地类图斑注记	
2001020000	线状地物要素	
2001020100	线状地物	
2001020200	线状地物注记	
2001030000	零星地物要素	
2001030100	零星地物	
2001030200	零星地物注记	
2001040000	地类界线	
2002030000	栅格要素	
2002030100	数字航空摄影影像	
2002030101	数字航空正射影像图	
2002030200	数字航天遥感影像	
2002030201	数字航天正射影像图	
2002030300	数字栅格地图	
2002030400	数字高程模型	
2002039900	其他栅格数据	
2005000000	基本农田要素	
2005010000	基本农田保护区域	
2005010100	基本农田保护区	
2005010200	基本农田保护片	
2005010300	基本农田保护块	
2006000000	土地权属要素	
2006010000	宗地要素	
2006010100	宗地	
2006010200	宗地注记	
2006020000	界址线要素	
2006020100	界址线	

续表 6-1

要素代码	要素名称	说明
2006020200	界址线注记	
2006030000	界址点要素	
2006030100	界址点	
2006030200	界址点注记	
2099000000	其他要素	
2099010000	开发园区	
2099020000	开发园区注记	

注:1.本表的基础地理信息要素第 5 位至第 10 位代码参考《基础地理信息要素分类与代码》(GB/T 13923—2006)。

　　　2.行政区、行政区界线与行政区注记要素参考《基础地理信息要素分类与代码》(GB/T 13923—2006)的结构进行扩充,各级行政区的信息使用行政区与行政区界线属性表描述。

单元二　数据库结构设计

一、空间要素分层

空间要素采用分层的方法进行组织管理,层名称及各层要素见表 6-2。

表 6-2　层名称及各层要素

序号	层名	层要素	几何特征	属性表名	约束条件	备注
1	定位基础	测量控制点	Point	CLKZD	O	
		数字正射影像图纠正控制点	Point	JZKZD	O	
		测量控制点注记	Annotation	ZJ	O	
2	行政区划	行政区	Polygon	XZQ	M	
		行政区界线	Line	XZQJX	M	
		行政要素注记	Annotation	ZJ	O	
3	地貌	等高线	Line	DGX	O	
		高程注记点	Point	GCZJD	O	
		坡度图	Polygon	PDT	M	
4	土地利用	地类图斑	Polygon	DLTB	M	
		线状地物	Line	XZDW	M	
		零星地物	Point	LXDW	O	
		地类界线	Line	DLJX	M	
		土地利用要素注记	Annotation	ZJ	O	

续表6-2

序号	层名	层要素	几何特征	属性表名	约束条件	备注
5	土地权属	宗地	Polygon	ZD	M	
		宗地注记	Annotation	ZJ	O	
		界址线	Line	JZX	M	
		界址线注记	Annotation	ZJ	O	
		界址点	Point	JZD	M	
		界址点注记	Annotation	ZJ	O	
6	基本农田	基本农田保护区	Polygon	JBNTBHQ	M	
		基本农田保护片	Polygon	JBNTBHP	O	
		基本农田保护块	Polygon	JBNTBHK	M	
		基本农田注记	Annotation	ZJ	O	
7	栅格数据	数字正射影像图	Image	SGSJ	M	
		数字栅格地图	Image	SGSJ	O	
		数字高程模型	Image /Tin	SGSJ	M	
		其他栅格数据	Image	SGSJ	O	
8	其他	开发园区	Polygon	KFYQ	O	

注:约束条件取值:M(必填)、O(可填),下同。

二、部分空间要素属性结构

(一)测量控制点属性结构

测量控制点属性结构描述见表6-3。

表6-3　测量控制点属性结构描述(属性表名:CLKZD)

序号	字段名称	字段代码	字段类型	字段长度	小数位数	值域	约束条件	备注
1	标识码	BSM	Int	10		>0	M	
2	要素代码	YSDM	Char	10		见表6-1	M	
3	控制点名称	KZDMC	Char	50		非空	O	
4	控制点点号	KZDDH	Char	10		非空	O	
5	控制点类型	KZDLX	Char	10			M	
6	控制点等级	KZDDJ	Char	30			M	
7	标石类型	BSLX	Char	2			M	
8	标志类型	BZLX	Char	2			M	

续表 6-3

序号	字段名称	字段代码	字段类型	字段长度	小数位数	值域	约束条件	备注
9	控制点状态	KZDZT	Char	100		见本表注 1	O	
10	点之记	DZJ	Varbin			非空	M	见本表注 2

注:1.控制点状态是指现有控制点的保存现状,可以用保存完好、部分损坏、完全损坏等语言概要描述。

2.本字段存储点之记影像文件所在的物理路径及文件名。在数据交换时需要将本字段指向的文件复制到存储交换数据文件的物理路径,同时将本字段的物理路径值转换为存储交换数据文件的物理路径值。本标准中所有 Varbin 类型字段均同此含义。

(二)行政区属性结构

行政区属性结构描述见表 6-4。

表 6-4　行政区属性结构描述(属性表名:XZQ)

序号	字段名称	字段代码	字段类型	字段长度	小数位数	值域	约束条件	备注
1	标识码	BSM	Int	10		>0	M	
2	要素代码	YSDM	Char	10		见表 6-1	M	
3	行政区代码	XZQDM	Char	12		见 GB/T 2260	M	见本表注
4	行政区名称	XZQMC	Char	100		见 GB/T 2260	M	
5	控制面积	KZMJ	Float	15	2	>0	M	单位:平方米
6	计算面积	JSMJ	Float	15	2	>0	O	单位:平方米

注:行政区代码在现有行政区划代码的基础上扩展到行政村级,即县以上行政区划代码+乡级代码+村级代码,县及县以上行政区划代码采用 GB/T 2260 中的 6 位数字码,乡(镇)级码为 3 位数字码,村级为 3 位数字码。以下行政区代码同。

(三)等高线属性结构

等高线属性结构描述表见表 6-5。

表 6-5　等高线属性结构描述表(属性表名:DGX)

序号	字段名称	字段代码	字段类型	字段长度	小数位数	值域	约束条件	备注
1	标识码	BSM	Int	10		>0	M	
2	要素代码	YSDM	Char	10		见表 6-1	M	
3	等高线类型	DGXLX	Char	6			M	
4	标示高程	BSGC	Int	4			M	

(四)地类图斑属性结构

地类图斑属性结构描述见表6-6。

表6-6 地类图斑属性结构描述(属性表名:DLTB)

序号	字段名称	字段代码	字段类型	字段长度	小数位数	值域	约束条件	备注
1	标识码	BSM	Int	10		>0	M	
2	要素代码	YSDM	Char	10		见表6-1	M	
3	图斑预编号	TBYBH	Char	8		非空	O	
4	图斑编号	TBBH	Char	8		非空	M	
5	地类编码	DLBM	Char	4		见本表注1	M	
6	地类名称	DLMC	Char	60		见本表注1	M	
7	权属性质	QSXZ	Char	3			M	
8	权属单位代码	QSDWDM	Char	19		见本表注3	M	
9	权属单位名称	QSDWMC	Char	60		非空	M	
10	坐落单位代码	ZLDWDM	Char	19		见本表注4	M	
11	坐落单位名称	ZLDWMC	Char	60		非空	M	
12	耕地类型	GDLX	Char	2		见本表注7	O	
13	扣除类型	KCLX	Char	2		见本表注8	O	
14	扣除地类编码	KCDLBM	Char	4		见本表注9	O	
15	扣除地类系数	TKXS	Float	5	2	>0	O	
16	图斑面积	TBMJ	Float	15	2	>0	M	单位:m^2
17	线状地物面积	XZDWMJ	Float	15	2	≥0	O	单位:m^2
18	零星地物面积	LXDWMJ	Float	15	2	≥0	O	单位:m^2
19	扣除地类面积	TKMJ	Float	15	2	≥0	O	单位:m^2
20	图斑地类面积	TBDLMJ	Float	15	2	≥0	M	单位:m^2
21	批准文号	PZWH	Char	50		非空	O	见本表注11
22	变更记录号	BGJLH	Char	20		非空	O	
23	变更日期	BGRQ	Date	8		YYYYMMDD	O	

注:1.地类编码和名称按《土地利用现状分类》(GB/T 21010—2007)执行。

2.图斑以村为单位统一顺序编号。变更图斑号在本村最大图斑号后续编。

3.权属单位代码和坐落单位代码到村民小组级,权属单位代码和坐落单位代码按照地籍号的编码规则编码,其中:行政村相当于街坊,村民小组(或其他农民集体经济组织)相当于宗地,村民小组级编码由"基本编码(4位数字顺序码)+支号(3位数字顺序码)"组成;使用村民小组级基本编码最大号递增编码的,数据库中的支号(后3位码)仍然要补齐"000"。

4.坐落单位代码指该地类图斑实际坐落单位的代码,当该地类图斑为飞入地时,实际坐落单位的代码不同于权属单位的代码。

5.图斑面积指用经过核定的地类图斑多边形边界内部所有地类的(如地类图斑含岛、孔,则扣除岛、孔的面积)。

6.线状地物面积指该图斑内所有线状地物的面积总和。

7.当地类为梯田耕地时,耕地类型填写"T"。

8.扣除类型指按田坎系数(TK)、按比例扣除的散列式其他非耕地系数(FG)或耕地系数(GD)。

9.扣除地类面积:当扣除类型为"TK"时,扣除地类面积表示扣除的田坎面积;当扣除类型不为"TK"时,扣除地类面积表示按比例扣除的散列式其他地类面积。

10.图斑地类面积 = 图斑面积 - 扣除地类面积 - 线状地物面积 - 零星地物面积。

11.批准文号是指一块图斑已被批准为建设用地但现状仍为其他地类时的批准书文件号。

（五）线状地物属性结构

线状地物属性结构描述见表6-7。

表6-7　线状地物属性结构描述（属性表名：XZDW）

序号	字段名称	字段代码	字段类型	字段长度	小数位数	值域	约束条件	备注
1	标识码	BSM	Int	10		>0	M	
2	要素代码	YSDM	Char	10		见表6-1	M	
3	地类编码	DLBM	Char	4		见表6-6注1	M	
4	地类名称	DLMC	Char	60		见表6-6注1	M	
5	线状地物预编号	XZDWYBH	Char	8		非空	O	
6	线状地物编号	XZDWBH	Char	8		非空	M	
7	长度	CD	Float	15	1	>0	M	单位：m
8	宽度	KD	Float	15	1	>0	M	单位：m
9	线状地物面积	XZDWMJ	Float	15	2	>0	M	单位：m²
10	线状地物名称	XZDWMC	Char	60		非空	O	见本表注1
11	权属单位代码1	QSDWDM1	Char	19		见表6-6注3	M	
12	权属单位名称1	QSDWMC1	Char	60		非空	M	
13	权属单位代码2	QSDWDM2	Char	19		见表6-6注3	O	
14	权属单位名称2	QSDWMC2	Char	60		非空	O	
15	扣除图斑编号1	KCTBBH1	Char	8		非空	M	
16	扣除图斑权属单位代码1	KCTBDWDM1	Char	19		见表6-6注3	M	
17	扣除图斑编号2	KCTBBH2	Char	8		非空	O	
18	扣除图斑权属单位代码2	KCTBDWDM2	Char	19		见表6-6注3	O	
19	权属性质	QSXZ	Char	2			M	
20	扣除比例	KCBL	Float	5	1	{0.5,1}	M	
21	变更记录号	BGJLH	Char	20		>0	O	
22	变更日期	BGRQ	Date	8		YYYYMMDD	O	

注：1.线状地物名称是指标识该线状地物的地理名称。

2.当该线状地物属两侧的单位共同所有时，权属单位代码2为必填。

3.当线状地物需要从两个图斑扣除面积时，扣除图斑编号2为必填，扣除比例为0.5。否则，扣除图斑编号2为空，扣除比例为1。

(六)宗地属性结构

宗地属性结构描述见表6-8。

表6-8　宗地属性结构描述(属性表名:ZD)

序号	字段名称	字段代码	字段类型	字段长度	小数位数	值域	约束条件	备注
1	标识码	BSM	Int	10		>0	M	
2	要素代码	YSDM	Char	10		见表6-1	M	
3	地籍号	DJH	Char	19		非空	M	见本表注1
4	宗地四至	ZDSZ	Char	200		非空	O	
5	权属单位代码	QSDWDM	Char	19		见表6-6注3	M	
6	坐落单位代码	ZLDWDM	Char	19		见表6-6注3	M	
7	权属性质	QSXZ	Char	2			M	
8	土地使用权类型	TDSYQLX	Char	2			O	
9	土地用途	TDYT	Char	4		见本表注2	M	
10	实测面积	SCMJ	Float	15	2	>0	M	单位:m^2
11	发证面积	FZMJ	Float	15	2	>0	O	单位:m^2

注:1.地籍号为19位数字顺序码,组成包括县级以上(含县级)行政区划代码为6位数字顺序码,街道|乡(镇)行政区划代码为3位数字顺序码,街坊|村为3位数字顺序码,宗地号为7位数字顺序码。其中,宗地号由"基本宗地号(四位数字顺序码)+宗地支号(三位数字顺序码)"组成,宗地支号从"001"开始顺序编号,若无宗地支号,则使用"000"补齐。

2.土地用途按《土地利用现状分类》(GB/T 21010—2007)执行,填写本宗地内主要用途的二级类编码。

3.宗地的权利人、权属来源证明、权属调查、注册登记、他项权利等信息用扩展属性表描述;扩展属性表的标识码应与本表中对应的标识码保持完全一致,如:某一宗地的标识码为"1001",则其对应的所有扩展属性表中的标识码也必须为"1001"。

(七)界址线属性结构

界址线属性结构描述见表6-9。

表6-9　界址线属性结构描述(属性表名:JZX)

序号	字段名称	字段代码	字段类型	字段长度	小数位数	值域	约束条件	备注
1	标识码	BSM	Int	10		>0	M	
2	要素代码	YSDM	Char	10		见表6-1	M	
3	界址线长度	JZXCD	Float	15	2	>0	M	单位:m
4	界线性质	JXXZ	Char	6			M	
5	界址线类别	JZXLB	Char	1			M	
6	界址线位置	JZXWZ	Char	1			M	
7	权属界线协议书编号	QSJXXYSBH	Char	30		非空	C	见本表注
8	权属界线协议书	QSJXXYS	Varbin			非空	C	见本表注
9	权属争议原由书编号	QSZYYYSBH	Char	30		非空	C	见本表注
10	权属争议原由书	QSZYYYS	Varbin			非空	C	见本表注

注:本表7、8和9、10两组字段,其中一组字段的值为必填。

（八）界址点属性结构

界址点属性结构描述见表6-10。

表6-10　界址点属性结构描述（属性表名：JZD）

序号	字段名称	字段代码	字段类型	字段长度	小数位数	值域	约束条件	备注
1	标识码	BSM	Int	10		>0	M	
2	要素代码	YSDM	Char	10		见表6-1	M	
3	界址点号	JZDH	Char	10		非空	M	
4	界标类型	JBLX	Char	2			M	
5	界址点类型	JZDLX	Char	2			M	

单元三　数据库建设工作流程

一、数据库建设工作流程

数据库建设工作流程主要包括：

（1）资料预处理。

（2）数据采集。

（3）数据处理及建库。

（4）数据库更新。

其中，质量控制贯穿于工作的整个过程。

二、资料预处理

资料的内容有数字化资料的，优先选择易于转化的格式，资料要具有权威性，内容要全面，精度和现时性要满足应用需求，坐标系统要一致。对于数字化资料、现有数据或数据库，需要对现有数据库的数据项进行选择，对数据项项名、类型、字长等定义进行调整，对数据记录格式进行转换等。对于图形数据有时可能还需要做投影转换。对于遥感数据还需要进行几何校正和分类处理。

对于非数字化的资料，预处理工作的内容根据所选资料本身的情况而定，主要内容包括：

（1）图面处理。在数字化前，需进行必要的图面处理，如将不清晰或遗漏的图廓角点标绘清楚，为数据的精确配准奠定基础，将模糊不清的各种线状图件进行加工，以减少数字化和数据编辑处理的工作量。

（2）属性数据处理。属性数据的预处理主要包括数据项名称和度量单位的统一、统计单元与图件匹配、公共项设计等。面积单位采用公顷，保留2位小数；长度单位采用米，保留1位小数。

三、数据采集

对于数字化资料，要根据数据库标准，对原数据库进行补充和转换，防止数据转换中的数据丢失和误差,并及时给予纠正。

对于非数字化资料,在数据采集之前,首先进行土地利用数据库设计,包括实体分类与编码、文件命名、分层与实体定义和属性数据结构等,为了保证数据的共享,具体按照相关数据建库标准进行设计。

(一)数字化方式

1.空间数据数字化

空间数据采集的方式有多种形式,但常用的主要有扫描数字化,采集数据应注意以下几方面:

(1)采集精度符合质量控制的要求。

(2)采点密度应合理,密度过大会增加不必要的数据量,密度过小会使图形失真。

(3)点状要素应采集符号的几何中心点或定位点;线状要素应沿中轴线采集;面状要素应采集多边形边界和标识点,边线应严格闭合。注意:避免按图形符号的图案进行采集,如圆形符号采集圆弧,双线符号采集两条并行线条等。因为这种数据仅能用于输出绘图,而不能用于数据建库及空间分析应用。

2.属性数据数字化

为了统一表的格式,减少差错,应采用固定模板或专用的录入软件。对于易混淆或较长的代码,不要逐字录入,应尽量采用灵活的菜单或图标等选择录入方法。

(二)数据采集工艺流程

土地利用数据库的数据采集作业有十项工作内容,数据采集工艺流程如图6-1所示。

1.图形数据扫描

对预处理好的作业底图,根据不同的介质采用不同的扫描方式。

(1)对于薄膜图和单色纸图,采用黑白二值方式扫描。

(2)对于彩色纸图,采用灰度方式扫描。

所有的图件扫描后都必须经过扫描纠正,对扫描后的栅格图进行检查,以确保矢量化工作的顺利进行。

2.分层矢量化

(1)线状要素:线状要素的采集主要采用分层方式进行,分层方式按空间要素分层的要求处理。

(2)点状要素:点状要素的采集主要是先建立相关属性结构,然后根据不同情况进行录入。

(3)注记:需要输入的注记包括水系、道路名称的注记,行政区和图斑的注记以属性的形式输入到对应的数据库中,然后通过应用工具将其动态地标注出来。

3.坐标系转换

矢量化后的图形数据的坐标系是图面坐标系,依据实际管理要求需要将其转换为大地坐标系。

(1)转换控制点数据的采集:对于分幅的图件,控制点就是每幅图的四个内图廓点。

(2)坐标系转换及检查:依据采集的控制点坐标对数据源进行坐标转换,并要对转换的结果进行核查,出现错误的要重新转换。

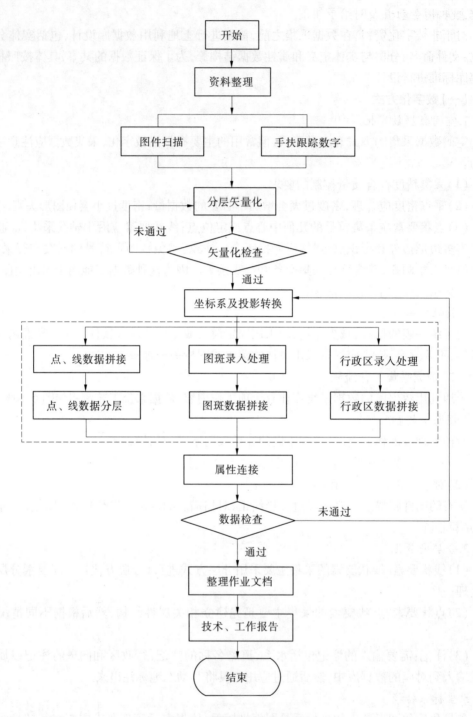

图 6-1　数据采集工艺流程

4.投影转换

　　土地利用数据库的数据投影方式一般采用 3 度分带的高斯投影,但当行政区域跨过两个以上 3 度带时,则选择一个主带,将副带的数据转换到主带上来。如果数据源的投影方式与要求不吻合,则需要进行投影转换。

5.数据质量初检

在进行一系列的数据录入和转换之后,需要对数据进行严格的检查。为保证数据的质量,在一幅图中重、漏、错的比例超过 5%,则需要重新返工。

6.图斑录入处理

1)生成地类图斑

(1)以土地利用现状和规划图为依据,检查是否有漏掉的区域。

(2)根据地类图斑属性结构表的要求添加字段。

(3)以土地利用现状图和规划图为依据,对每个图斑输入关键字段——图斑号和权属单位代码的值。

(4)利用标注功能标注图斑号之后,对图斑进行全面检查以确保无误。

2)属性录入和连接属性

为提高数据录入的效率和准确性,属性数据的录入与图形录入分开进行。

(1)按照数据库设计标准的要求建立图斑属性结构。

(2)属性值录入。

(3)根据图斑的图形和属性文件进行图斑总数的检查和单个图斑的抽样检查,抽样检查的样本比例视具体情况而定,但不得小于总样本数的 25%。

(4)检查无误之后使用属性连接功能以关键字段连接图形和属性文件,生成完整的图斑文件。

7.线状要素的录入、处理

根据输入的线状要素的数据分类编码提取线状地物层(包括水系、道路等)和行政界线层,然后对每层的数据在图框线附近的相同目标进行连接,检查无误之后去掉所有的图框线。

线状地物层的其他属性值的录入和处理方法与图斑的处理方法一样。

8.点状要素的属性录入、处理

点状要素的属性录入、处理方法和图斑的处理方法一样。

以上是数据采集的基本流程。

(三)数据采集原则及精度要求

1.要素层采集原则

(1)同一要素层的重叠要素,其几何位置只数字化一次,在属性编码中记录重叠要素的属性值。

(2)不同要素层的重叠要素,由现状图符号配合表示时,分别在各要素层中数字化,并且在各要素层中赋重叠要素属性码。

(3)不同要素层的重叠要素,在当前层中是由另一要素层的现状图符号表示时(如境界层中的界河),分别在各要素层数字化,且只需在当前要素层中赋予重叠要素属性码(如界河只需在境界层中赋予河流重叠的属性码)。

2.点线面采集原则

(1)点状要素一般只记录其定位位置的一个点,有方向时记录两个点,第一点表示其定位位置,第二点表示其方向。第一点与第二点之间的距离不代表符号大小。

(2)线状要素保持其连续性,被其他符号割断而应连接的线,按延伸方向将其连接。需要建拓扑关系的线状要素,线段分割在适当的交叉点或属性变换点处,以保证拓扑的一致性和要素属性的逻辑一致性,不需建拓扑的线状要素,线段分割在属性变换点处。

(3)面状要素保证其面域边界的封闭,面域的标识点位置尽可能选择在面域的中心处,面域的边线按线要素的要求数字化。

3.数字化精度要求

(1)数字化目标的位置相对于数字化底图,控制点不大于 0.15 mm,其他点目标不大于 0.2 mm,线目标不偏离其定位线 0.25 mm,点对误差小于 0.1 mm。

(2)线目标一般以符号中心线(如道路、单线河)或符号底线(如管线、垣栅)为其实地位置。注意区分直线和曲线,以保证线目标的几何特征。曲线采集最小间隔约 0.4 mm 点距,随曲线曲率的增大而缩小;反之,增大。必须采集具有控制曲线形状的特征点,如拐角点。

(3)不同要素层重叠要素,其几何位置必须严格匹配。

(4)接边误差控制,通常当相邻图幅对应要素间距离小于 0.3 mm 时,可移动其中一个要素以使两者接合;当这一距离在 0.3～0.6 mm 时,两要素各自移动一半距离;若距离大于 0.6 mm,则按一般制图原则接边。拓扑结构中的同名点匹配限差不大于 0.1 mm。

(5)有方向性的线要素应按规定方向数字化,河流严格按照从上游向下游方向数字化;有锯齿的线状目标,数字化时齿线居于数字化前进方向的右侧。

(6)居民点逻辑中心一般置于居民点平面图形的中心位置,同时注意保持与道路、河流的相互关系位置正确。

四、数据处理及建库

(一)数据编辑处理

由于数据采集和录入过程中,不可避免地会产生错误,因此数据采集、录入完成后,要对其进行必要的编辑处理,以保证数据符合建库技术要求。

1.编辑步骤

数据编辑处理工作是按照检查错误、编辑修改、再检查、再编辑修改、再检查循环进行的,直到满足质量控制要求。

2.编辑方法

(1)图形数据的编辑工作,一般利用拓扑检查的功能,建立相应的拓扑规则,来检查数据问题,或利用数据采集软件提供的编辑工具进行。图形数据的编辑工作包括点、线、面数据的增加、删除、移动、连接、相交等。对于带属性的图形数据,在编辑阶段,还要对其属性数据进行增加、删除或修改等。

(2)属性数据的编辑处理主要是检查表中记录数据的正确性,进行增加、删除、修改等。

3.编辑内容

数据编辑的内容主要有:

(1)扫描影像图数据的编辑处理,包括彩色校正、几何纠正等。

(2)空间数据的编辑处理,包括精度检查、与影像图数据的匹配、图幅拼接、拐点匹配、行政界编辑、权属编辑、地类界编辑、数据的几何校正、投影变换、接边处理、要素分层等。在编辑处理的每个过程中需不断检查修正。

（3）属性数据的编辑处理，主要包括各数据记录完整性和正确性检查与修改等。

（4）在数据编辑处理阶段，应该建立和完善图形数据与属性数据之间的对应连接关系。

（二）建立数据库

这一过程主要是将经过编辑处理的图形数据进行入库处理，建成数据库实体。建库的内容有：

（1）空间数据库的建立。

（2）属性数据库的建立。

（3）空间数据库和属性数据库的关联等。

单元四　土地利用数据的入库实操

一、建库内容及要求

土地利用数据库包括基础地理要素、土地利用要素、产权产籍要素、栅格要素等。本实例主要介绍农村土地调查成果中 1∶1 万标准分幅图的数据组织格式和在 ArcGIS 软件中创建空间地理数据库的主要方法。土地利用数据库建设主要基于 ArcGIS Desktop 10.3 平台，数据库内容和要素分类编码、数据库结构定义和要素分层等参照土地利用数据库结构设计的要求和标准，创建 Geodatabase 地理数据库。

二、数据采集入库实操

（一）根据图号创建 Geodatabase

根据建库要求：所有数据以 ArcGIS 的个人数据库 mdb 格式提交，各图件所需数据统一保存在以图幅号命名的 mdb 数据库中，以 mxd 工程文件提供出图文件。现以 I50G046002 为例，讲解数据库建设的过程。

1.新建地理数据库

打开 ArcCatalog 目录树中选择存储数据库的位置，然后单击鼠标右键选择"新建个人地理数据库（或文件地理数据）"将新建的数据库重新命名为"I50G046002.mdb"，见图6-2。

图6-2　新建个人地理数据库

2.新建要素集

（1）在 ArcCatalog 目录树中，鼠标右击 I50G046002.mdb，在"新建"中选择"要素集"，重命名为"土地利用"数据集,可以根据需要建立多个要素集。

（2）为要素集设立坐标系统。点击"空间参考"选项后面的按钮,在"空间参考属性"对话框中的"坐标系"选项页下,将选择合适的坐标系统,点击"选择"按钮,见图6-3。

在 Projected Coordinate Systems 目录下,选择【Gauss Kruger】→【Xian 1980】→【Xian_1980_Degree_GK_CM_114E】,也可导入已经配准好的影像的坐标系统或参考的数据文件的坐标系统。

（3）设置容差。设置【XY 容差】、【Z 容差】及【M 容差】值,一般情况下选中【接受默认分辨率和属性域范围(推荐)】复选框,见图6-4。

图6-3　要素集设立坐标系

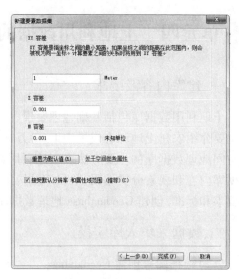

图6-4　要素集设置容差

3.新建要素类

（1）在已建的土地利用要素集的基础上新建要素类。常见的要素类主要有点要素、线要素和面要素等。例如,新建要素类 DLJX(地类界线)图层,为线状要素类,如图6-5、图6-6所示。

图6-5　新建要素类 DLJX(地类界线)

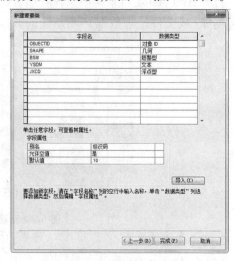

图6-6　添加地类界线字段

地类界线的属性表结构较简单,在建立要素类时按照表6-11的属性结构描述添加对应属性字段。

表6-11　地类界线(DLJX)属性结构描述

序号	字段名称	字段代码	字段类型	字段长度	小数位数	值域	是否必填	备注
1	标识码	BSM	Int	10		>0	是	
2	要素代码	YSDM	Char	10			是	
3	界线长度	JXCD	Float	15	1	>0	是	单位:m

(2)新建地类图斑要素类,要素类型面状。地类图斑的属性表结构见表6-12,建立方法同上。

表6-12　地类图斑属性表结构(属性表代码:DLTB)

序号	字段名称	字段代码	字段类型	字段长度	小数位数	值域	是否必填	备注
1	标识码	BSM	Int	10		>0	是	
2	要素代码	YSDM	Char	10		见表6-1	是	
3	图斑号	TBH	Char	8		非空	是	
4	地类代码	DLDM	Char	4		见表6-6注1	是	
5	地类名称	DLMC	Char	60		见表6-6注1	是	
6	权属性质	QSXZ	Char	3		见表6-6注3	是	
7	权属单位代码	QSDWDM	Char	16		见表6-6注3	是	
8	权属单位名称	QSDWMC	Char	60		非空	是	
9	坐落单位代码	ZLDWDM	Char	16		见表6-6注4	是	
10	坐落单位名称	ZLDWMC	Char	60		非空	是	
11	所在图幅号	SZTFH	Char	60		非空	否	
12	线状地物面积	XZDWMJ	Float	15	2	>0	是	单位:m²

4.导入或修改属性表结构

1)导入已有要素类属性字段

在建立新要素类时,有些要素类属性表(字段和数据类型)与已有要素类一样或部分一样,则不需要依次定义字段名称和数据类型,可直接点击"导入"按钮,选择要参照的要素类,导入后参照要素类的字段名称和数据类型将自动赋给新建的要素类,再根据需要修改。

2)添加字段

在属性表结构建立完成后,若还对某个要素类需要修改或添加字段,可以在"要素类属性"对话框中选"字段"在其下空行中添加所需字段。

5.设置属性域

属性域定义完成后,选择"字段"标签,选择"YSDM"字段,在"属性域"下拉菜单中选择已设置好的属性域"要素代码",点击"应用""确定",完成属性域设置,如图6-7所示。可采用同样的方法,完成其他字段的属性域设置。

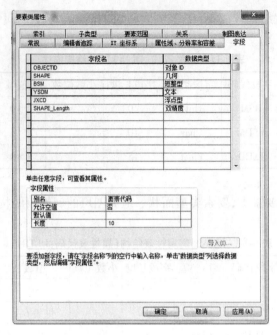

图 6-7　设置"YSDM"字段属性域

6.矢量数据采集与处理

如果已经有矢量数据,可以通过已有数据导入或其他格式数据转换至数据库中,前文已述。现主要介绍数据采集录入过程。在建立数据库、要素集及要素类之后,进入数据采集与编辑处理阶段。具体步骤如下:

(1)进入 ArcMap 工作环境,新建地图文档命名为 I50G000642.mxd。

(2)加载数据。在地图文档中加载已经新建的要素类及配准后的影像图。

(3)打开编辑工具。启动 ArcMap 后,在默认的状态下,编辑工具并没有打开,要进行编辑就必须打开编辑工具条,见图 6-8。

(4)进入编辑状态。单击"编辑器"→"开始编辑"命令,就可以进入编辑状态。

(5)执行数据编辑。在目标下拉列表框中选择要编辑的目标后,在任务下拉列表框选择相应的编辑任务对数据进行编辑。

(6)保存并结束数据编辑。单击"编辑器"→"保存编辑"→"停止编辑"命令。

7.对数据拓扑检查处理

由于要生成地类图斑数据复杂,需要对输入编辑的地类界线、行政界线等线状数据进行拓扑检查。简要步骤如下:

(1)在 ArcCatalog 目录树中,鼠标右击"土地利用"数据集,建立拓扑要素类 topolopy1。添加拓扑规则(不能有悬挂线)。验证拓扑,检查数据错误之处。

(2)修改错误,在 ArcMap 中检查修改错误,与数据输入编辑操作一样。错误修改后,验证拓扑,保存编辑。

8.要素属性数据输入

选择图层要素地类图斑(DLTB),右击打开属性表,打开编辑器,开始编辑,在相应字段中输入数据即可。参见图 6-9 输入 DLDM(地类代码)和 TBH(图斑号)。

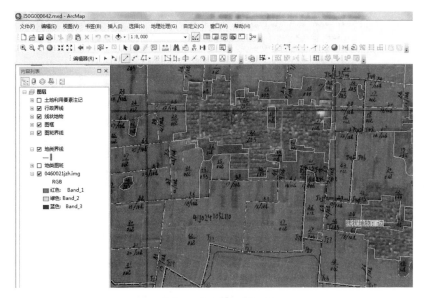

图 6-8　要素编辑与处理

地类图斑

OBJECTID *	Shape *	Shape_Length	Shape_Area	DLDM	TBH
498	面	1508.087745	85440.980856	012	2
499	面	1650.632194	112624.415921	012	3
500	面	389.441466	1522.857983	012	4
501	面	961.718288	14713.097137	012	10
502	面	613.133233	14841.757885	012	11
503	面	1500.371444	139093.26953	012	1
504	面	1421.534638	96650.257502	012	3
505	面	804.504368	21027.2698	012	51
506	面	275.310861	2801.879289	102	52G
507	面	665.536146	25123.398085	012	53
508	面	911.874267	19308.61743	111	54H
509	面	1542.245561	141485.922583	012	55
510	面	840.666193	14757.850207	012	59
511	面	289.406415	5186.067949	012	12
512	面	885.630592	19500.730391	012	16
513	面	2472.401234	62475.222043	102	34G
514	面	4689.289243	58927.01514	111	15G
515	面	755.293927	6180.803867	111	1G

图 6-9　DLDM 属性数据的输入

(二) 其他数据入库

1.栅格数据入库

选择需要导入的数据库,单击鼠标右键,点击"导入栅格数据集",选择要导入栅格地图的路径即可完成扫描图片、遥感影像等栅格数据的入库,如图 6-10、图 6-11 所示。

2.表格数据入库

在土地利用数据库建设中,除矢量数据、栅格数据需要入库外,还需要将一些表格存入到空间数据库中。选择需要导入的数据库,单击鼠标右键,选择"导入"→"单个表"或"多个表"。导入单个表时可以修改导入后的表名,导入多个表时导入后的表名与导入前的表名保持一致,如图 6-12、图 6-13 所示。

　　　　　　　　　　　　　　　空间数据库技术

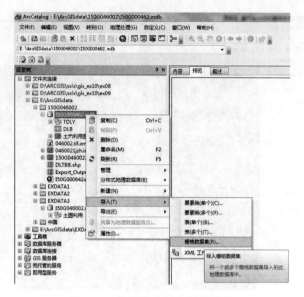

图 6-10　数据库中导入栅格地图

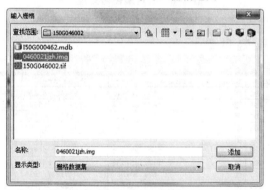

图 6-11　选择栅格地图

图 6-12　数据库中导入表

图6-13　选择导入数据表

项目小结

　　本项目主要介绍土地利用数据库的内容及要素编码、数据库结构设计与分层,以及在Geodatabase空间数据库中的入库流程。通过土地利用数据库建设案例,介绍了在ArcGIS中如何创建Geodatabase地理数据库、要素集及要素类,并进行编辑处理,检查入库的基本工作流程。

复习与思考题

　　1.在ArcGIS如何建立个人地理数据库?

　　2.土地利用数据库的内容有哪些?

　　3.土地利用数据库是如何分层的?

　　4.简述土地利用数据建库的流程和方法。

参 考 文 献

［1］张新长.城市地理信息系统［M］.北京:科学出版社,2013.

［2］陈国平,袁磊,王双美.空间数据库技术应用［M］.武汉:武汉大学出版社,2013.

［3］武芳,等.空间数据库原理［M］.武汉:武汉大学出版社,2017.

［4］刘耀林.地理信息系统［M］.北京:中国农业出版社,2004.

［5］张新长,马林兵,张青年.地理信息系统数据库［M］.北京:科学出版社,2006

［6］崔铁军.地理空间数据库原理［M］.北京:科学出版社,2016.

［7］余恒芳,汪晓青.数据库原理与SQL语言［M］.北京:中国水利水电出版社,2017.

［8］刘丁发,葛学锋,邓春华.Oracle数据库应用与开发实践［M］.上海:上海交通大学出版社,2017.

［9］汤国安,杨昕.ArcGIS地理信息系统空间分析实验教程［M］.北京:科学出版社,2006.

［10］宋小冬,等.地理信息实习教程［M］.北京:科学出版社,2013.

［11］牟乃夏.ArcGIS 10地理信息系统教程从初学到精通［M］.北京:测绘出版社,2012.